知是派 | 回归常识 重新想象
ZHISHIPAI COMMON SENSE & IMAGINATION

掌控

开启不疲惫、不焦虑的人生

张展晖 著

北京联合出版公司
Beijing United Publishing Co.,Ltd.

图书在版编目（CIP）数据

掌控：开启不疲惫、不焦虑的人生 / 张展晖著.
—北京：北京联合出版公司，2018.8（2019.8重印）
ISBN 978-7-5596-2284-6

Ⅰ.①掌… Ⅱ.①张… Ⅲ.①成功心理－通俗读物
Ⅳ.①B848.4-49

中国版本图书馆CIP数据核字（2018）第116301号

掌控：开启不疲惫、不焦虑的人生
作　　者：张展晖
选题策划：知　是
责任编辑：龚　将　　夏应鹏
产品经理：齐文静
特约编辑：王经云
封面设计：门乃婷工作室
版式设计：佳　佳

北京联合出版公司出版
（北京市西城区德外大街83号楼9层　100088）
天津旭丰源印刷有限公司　　新华书店经销
字数200千字　　700毫米×980毫米　1/16　　印张19.5
2018年8月第1版　2019年8月第5次印刷
ISBN 978-7-5596-2284-6
定价：58.00元

未经许可，不得以任何方式复制或抄袭本书部分或全部内容
版权所有，侵权必究
本书若有质量问题，请与本公司图书销售中心联系调换。电话：010-82069336

目录
CONTENTS

推荐序　他以互联网时代的匠人精神,创研精力管理这
门手艺　徐小平 / 1
重拾活力　周　航 / 5
最厉害的,一定是最朴素的　脱不花 / 9
自　序　每个人都可以精力充沛过一生　张展晖 / 12

Chapter 01
精力管理
——万事从 0 到 1 的终极秘诀

世界 500 强公司高管最隐秘的忧患 / 2
当我们健身时,我们想要的究竟是什么?/ 5
什么是这个碎片化时代的核心竞争力?/ 8
训练最自律的运动员为什么会最早出局? / 10
拳头收回来,才能更有力地打出去 / 13
世界上有聪明药吗? / 17
为什么有人高开低走,有人笑到最后? / 19
朴素的精力核心算法 / 22

Chapter 02
精力运动
——20% 的精准投入,80% 的能量产出

追求傲人的马甲线还是旺盛的生命力? / 32
心肺功能决定一切 / 35
高强度运动通常避不开疾病和伤痛 / 38
最大摄氧量圈定了你的运动安全区 / 45

运动的分寸：95% 舒适度 + 5% 挑战 / 49

为什么越运动越累？心率知道答案 / 52

不是每个人都适合跑步 / 58

走路是一门科学 / 61

你当柔韧，更有力量 / 63

轻松跑步第 1 步：找到 4 个基准点 / 69

轻松跑步第 2 步：把目标改成提高最大摄氧量 / 74

轻松跑步第 3 步：在 6 个强度分区间循序渐进 / 77

轻松跑步第 4 步：定好周期，4 个月后就能跑半马 / 81

姿势对了，效能翻倍 / 84

用重力跑步 / 88

越擅长跑步，肌肉越柔软 / 93

耐力提升诀窍：从燃糖模式切换到燃脂模式 / 98

欲善其事，先利其器——选对跑步装备 / 102

Chapter 03

精力饮食
——吃对了，抗衰老、不疲惫

每天 8000 米，为啥还是跑不掉"游泳圈"？ / 112

断食 7 天，脂肪也减不掉 1 公斤 / 116

国际顶尖运动员的巅峰状态饮食法则 / 119

吃饱和吃对之间隔着一条马里亚纳海沟 / 122

这种食物吃少了不快乐，吃多了不精神 / 125

这种食物越吃越精壮 / 141

让你充满力量的高效食补清单 / 146

最常用的"补血方"其实只补糖 / 150

抛开标准谈过量，纯属耍流氓 / 154

这样做，她吃掉了自己！/ 159

这种食物是活力之源 / 162

没有坏食物，只有错搭配 / 165

增加身体负担的饮食黑名单 / 171

鸡蛋黄没有那么糟，牛油果没有那么好 / 179

性价比最高的天然维生素 / 183

水是最好的运动饮料 / 186

Chapter 04
精力恢复——会休息，压力也赋能

行百里者半九十，差的就是这"十里"休息 / 194

走走停停才跑得好人生这场马拉松 / 197

贪吃、失眠、焦虑……只是因为你累了 / 199

睡眠是最好的医疗手段 / 202

深度睡眠修复身体，快速眼动睡眠修复大脑 / 206

数据化睡眠优化方案 / 211

小睡 25 分钟，判断力提升 35% / 215

人体蓄能密码：深呼吸 / 217

苹果、谷歌员工都在用的战略性休息 / 220

冥想：让精力模式从耗散变为生发 / 224

筋膜放松：联通精力复原网 / 227

4 种不起眼的高效充电模式 / 231

Chapter 05 精力心法——变化的世界，不变的原则

焦虑不源于未知，而出于不自知 / 240

坏情绪牌"合法毒品" / 243

比时间、金钱更宝贵的是注意力 / 246

越专注，越轻松 / 248

不着急、不逃避、不放弃 / 250

需要克制坚持 = 必然半途而废 / 255

请找到你的人生祈祷语 / 257

扔掉绳子，恐惧会助你一臂之力 / 264

从人群中来，到人群中去 / 268

去化解，而不是对抗 / 271

附录 A　心肺能力增强课表（从不跑步到完成半马计划）/ 278

附录 B　优质睡眠的辅助条件 / 284

致谢 / 285

推荐序 · 徐小平

他以互联网时代的匠人精神，创研精力管理这门手艺

展晖即将出版的这本书，相信不仅将再次拯救我，还将拯救无数深受精力不足困扰的男男女女。

我跟展晖的认识，要从他给我做健身教练的故事说起。

那时候我叫他 Eddie，Eddie 在我住的公寓楼下的那家健身房里工作，其实是我当时的四五个教练之一。

印象中，Eddie 是里面最无聊的一个教练，不仅人无聊，课也无聊，最不能给我那种当场的成就感。其他的教练上课时，有人让我练肌肉，有人让我练拳击，有人给我拉伸身体，而 Eddie 只是让我做柔韧性训练——趴在一个怀抱那么大的球上，好像是在跟那个大球做爱。

我当时就想，这简直蠢爆了。

总之，当时他既没有让我做有氧训练，能让人大喘气的那种；也没有让我做肌肉力量训练，能让人感到肌肉在不断充血和膨胀起来的那种，什么都没有。

但是，很长时间之后，在所有的教练里面只剩下了他，我只选择了跟他继续训练。为什么？

因为他在缺少自我推销、没什么花言巧语，也没怎么给我打鸡血的情况下，只是按部就班地让我做那些动作，却最终改善了我的整个体质，身体的柔韧性、耐力、平衡感，包括肌肉力量这些指标，都有了大幅的提升。

后来 Eddie 离开了那家健身房，不知去向。我们有两三年都没有见面，再一次遇到的时候，他已经在《罗辑思维》上火了起来，在《罗辑思维》的《匠人如神》系列中成了代表"减肥匠"的一面旗帜。

2016 年春节前，我又恢复了跟他的训练。他还是一如既往地让我练那些东西，不刺激、不兴奋，也不痛苦。但是，不知从什么时候开始，他只强调运动单一维度的方式发生了变化。根据他的说法，他已经不再是一个健身教练，更专注在减脂上。而对于减脂，训练还在其次，饮食的调整更加重要。

2016 年 3 月，我跟着他做了一个月真正的饱瘦减脂。他来过我这里十次左右，每次帮我做半个小时的训练。说实话，这个时间是比较容易熬的，每次练完之后，我都是开心的，为自己感到骄傲；同时每次锻炼的时候，哪怕是二三十分钟，我也会恨他、烦他。

一个月后，我的体重从 81.6 千克减到了 77.5 千克，总共减掉了 4.1 千克。本来我是有希望实现减 5 千克的计划，但是在结束前的最后一周，去朋友家吃了顿大餐，我的最终计划就崩溃了。

Eddie 的减脂方法，简单说其实是在正常的饮食中，减去了米饭，加上了豆子。所以，这个食谱并不会让人觉得太痛苦。我个人在训练中最大的收获，就是让我不要吃零食，我做到了。

我问他："比如我吃了一块饼干，可能只有几克的重量，对身体会有什么影响呢？"

Eddie 的回答解决了我以前认识的一个重大误区。他说："重要的不在于那点儿重量，而在于你的血糖。血糖可以控制你身体中储存脂肪和燃烧脂肪的开关——胰岛素。一旦你的血糖升高，胰岛素分泌多了，就等于是关上了燃烧脂肪的开关，打开了储存脂肪的开关。

"简单来说，就是你吃了零食之后，不在于它能变成多少肥肉，而在于身体分解脂肪的过程被中断了。"

当时，我没太听明白，但是我记住了这个结论。我在一个月之内，基本没吃过零食。

记得当时最牛的场景是这样的：那一天，我跟罗振宇、脱不花还有 Papi 酱几个人在一起谈投资，桌子上放着七八种非常美味的零食，其中不乏"白色恋人"这样诱人的点心，我一口都没有碰，而且特别自豪的是，我也并没有因此感到痛苦。

当时最幸福的回忆莫过于，我看见号称"罗胖"的罗振宇，在左一块、右一块地大快朵颐，不停地往嘴里塞。当时我就想，哈哈，难怪叫"罗胖"，活该！原来胖子就是这样炼成的！

后来，"罗胖"每次来到我家，我都给他准备很多零食，静静地看着他吃。"罗胖"要是一直在增重，我心里就轻松了。

Eddie 的饮食观念和运动方法，一举破除了我在这方面踏入的许许多多的误区。

而且在这个过程中，我有很深刻的体会——减脂不仅是你在跟身上的脂肪过不去，也是跟自己的一种心理战，是在与自己的惰性、贪婪以及愚昧作战，大多数时候让我们中途放弃的绝不是体力，而是心理。

但是，Eddie 总是不紧不慢，他很了解这样的过程，他用不让你感到痛苦的办法，慢慢地带你坚持下去，帮你建立简单明确的心理暗示，重复着最简单的方式，就这样，体重一天天减轻。

慢慢地我又发现，展晖在饮食、运动、心理之外开始强调"恢复"的重要性，研究起了数据，什么睡眠和心率的关系、冥想有多大益处、合理的恢复时间是多少等，燃脂瘦身显然已经无法概括他的思考了，展晖再次快速迭代了已有的认知。

这是一种什么精神呢？就是李克强总理强调的、中国特别需要的"匠人"精神。

简单的事情重复做，每做一次，都会去用心琢磨，进行小步的改进。

这又是互联网的精神，我很关注 Eddie 的创业，这样他就从一个普通的尽管也是非常优秀的私人健身教练，成为了一个新物种的创业者，成了今天备受欢迎的"精力管理"教练。他的收入也随之成倍增长，从在健身房时的一个月万把块钱，变成了年收入过百万，这就是能体现今日中国时代精神的故事。

想要有质量的人生，精力是第一要素。当你奋斗的时候，你是在为人生的后面添"0"，但是，永远不要忘了，精力值是前面的那个"1"。为了活出一个健康、高效、欢乐的人生，我们要从 1 到 10，到 100 万……而不是把我们的人生反过来，活成"从 1 到 0"。

Eddie 的精力管理方式很简单，用的是可以成为"常态"的简单舒适法，而不是"变态"的控制控制再控制法。而这套看似简单的方法，却能让人真正获得对身心的掌控，这种感觉太美妙了。

精力管理是一种细节管理，现在 Eddie 有了这本书，相信将会帮助更多的人，理解掌握这些方法。

Eddie 如今成为了这个时代一个卓有成效的精力管理匠人，那么我认为向匠人致敬的最好方法，就是能够鞠一个九十度的躬，能够在双腿挺直的情况下，双手触地。

我马上起身试了一下，而我的双手此时此刻大概离地还有两尺，空悲切！

重拾活力

推荐序 ◆ 周航

创业其实是很耗人的，大家经常从媒体上听闻"创业维艰"，它不仅是对一个人的智力的考验，也是对体力的巨大挑战。

回想我自己创业的 20 多年来，尤其是最近这一段时间，经历了很多难以言说的艰难。我们经常听到的"996"工作制，每天工作 12 ~ 16 个小时，并不是耸人听闻的。事实上，我每天都工作到晚上 10 点或 11 点，甚至是更晚的时间。伴随超负荷工作量的，还有很多不良生活习惯，比如：抽烟、大量喝咖啡、不按时吃饭、饿得狠了就狼吞虎咽地吃泡面、晚睡、早上咬牙起床、时间紧迫下的各种赶路与迟到……可以说，整个人每天都处于一种忙碌和焦虑的状态。

抽空休息的时间都没有，更谈不上运动了。

我在上学的时候，其实是一个非常热爱运动的人。乒乓球、足球、篮球、排球……那个时候，每天不运动一下，都会觉得浑身难受。但工作之后，运动离自己越来越远，到后来甚至连打高尔夫球这样的运动都懒得参加了，身体变得越来越虚。

有一种"过劳胖"群体，在公司的技术部门中最常见。技术人员工作半年以上，参加过几次封闭开发，刷过 N 个大夜之后，人就会变得虚胖起来。

过去的两年，随着事业进入新的阶段，我开始进行自我调整。该怎么调整呢？很多人说"你可以好好放松地玩一下"。那什么是真正的放松？我想要的是有"自我刷新"效果的放松。不仅在思想上 refresh，身体上也同样得到调整焕新。为此，我在家里开辟出一个专门的健身房，配置了跑步机、划船机、骑行器……摆出一副煞费苦心要好好锻炼一番的架势。但结果是趁着热乎劲儿跑了两天，之后就开始疲惫，总是觉得难以坚持、懈怠、寻找借口、热情潮落、退意萌生，很快陷入一种身体上期待改变，但心理上很难坚持的困境。

这个时候，我在"得到"[1]上偶然听到了展晖的课程，叫《有效管理你的健康》，这是一个只有 6 讲的小课程。但惊喜的是，让我第一次有了茅塞顿开的感觉——原来心肺功能是人体健康运行的基础，原来柔韧性如此重要，还有关于耐力的理念，这些刷新了我对运动的认知。于是，我通过罗胖（罗振宇）找到了展晖，邀请他来帮助我，做我的健身教练。

展晖欣然同意，他说："我们可以一起定一个目标，让你在 5 个月之后跑一个全马。"我起初并不相信，以我当时的体质基础，怎么可能呢？这最多算是一个足够宏大但仅限于激励人心的目标而已吧。

可是他又说："我让你跑马拉松，不但是让你完成一个挑战性的目标，而且要让你拥有可以跑马拉松的体魄与灵魂。"这句话彻底打动了我，虽然不知道该怎么做，但我开始抱着"相信"的心态与展晖一起进行训练。

开始吧！运动的全新体验就这样启程了。

最初的结果是非常令人沮丧的。第一周期，展晖让我用 3.5 千米 / 小时的配速跑 5 分钟，走 1 分钟，循环 4 组。这个比很多老年人还要迟缓低配的运动量，我做起来仍然很吃力，气喘吁吁。我感觉自己是 40 岁的人却拥有 80 岁的身体，非常沮丧，

---

[1] "得到"APP，由罗辑思维团队出品，为终身学习者提供高效的知识服务。

瞬间丧失了运动的信心。但是展晖说:"没关系,我们很快就能有进步了。"当时我是将信将疑的。

然而奇迹就这样发生了。从第二次开始,我的耐力逐渐增加,速度也不断提升,从每组 6 分钟、10 分钟、15 分钟、20 分钟到 40 分钟,直到最近,我可以不停歇地跑一个半小时。这让我在每次循序渐进的运动过程中找到了进步的乐趣和成就感,并且开始享受跑步。不久前,我进行了一段时间的连续跨国飞行,每三四天就飞到一个新的国家。在过去,我可能会以出差和时差作为理由不再坚持运动,但是这次,我在酒店健身房的跑步机上、在户外都在坚持跑步,而且感到充满愉悦与力量。

我在想,为什么会有这样的变化呢?

我曾经读过一本书叫《幸福的方法》,其中有一个十分有趣的理论:不费吹灰之力即可获得的东西,不会带给你幸福感;费了很大力气却依然得不到的东西,只能带来严重的挫败感。那么,幸福感从何而来呢?在挑战和努力之间达到一种相对平衡——既要在挑战目标的引导下努力去做,又能通过努力实现挑战目标,此时带来的成就感与幸福感是最强的。

这套逻辑很有趣,在我身上也得到了印证。首先,我有一个内在坚定的信念:我要改变自己、重拾活力;而展晖又帮我制定了一个可以量化的、可实现的目标——5 个月内跑一个全程的马拉松;有了这个目标之后,我们又设计了科学的方案并严格执行。最后,将宏大的目标分解为阶段性的目标,每一个阶段的计划都非常严密,严密到每一次要怎么跑、多长时间、多少千米、什么速度、什么坡度、把心率控制在什么区间都有严格规定。在每个阶段的训练中,我都清楚地知道训练的重点是什么,比如耐力训练,我就以跑得久为目标,而不去追求速度。如此一来,运动就不再是需要咬牙坚持的事情,而是可以享受过程的美事一桩了。在过程中感受自己的身体逐步发生的微妙变化,在自我认可中更有动力坚持不懈。有了主动、独立的坚持,在经历一个过程以后，自然可以达成目标。

尽管在写这篇文章时我还没有跑马拉松，但是，我相信自己是能够实现这个目标的。

创业、工作、学习、生活乃至人生，都如同一场马拉松，梦想中的目标或许宏伟甚至貌似遥不可及，但用正确的方法，将长远目标分解成一个个通过努力即可触及的小目标，享受过程，从每个阶段收获成就感，结果自然也不会差。

当梦想达成时，你可能会惊喜地发现，不仅在冲线的那一刻感到充实和愉悦，而且整个过程都乐在其中。

对我来说，人到中年，用这样的方法重拾活力，是件值得分享的幸事。

谢谢展晖。

注：周航在 2018 年 6 月 10 日完成了人生中第一场马拉松。

推荐序 ◆ 脱不花

最厉害的，一定是最朴素的

因为《罗辑思维》，我有幸结识了很多国内一流的学者、专家和创业者，其中不乏媒体、公众心目中的传奇人物。和他们接触下来，我的一大感受是：一个人的成就大小，和他的思维方式、行为方式的朴素程度呈正相关，与复杂性呈负相关。

也就是说，一个人越朴素简单，就说明他越自信，也越容易成功；一个人表现出来的花里胡哨的东西越多，就越没有干货。

这是我的个人观察，对我启发很大。

这里所说的朴素，本质上是一个人是否建立了自己的"核心算法"的体现。核心算法，都是看似简单，坚持运行起来却威力无比的原则，是一个人对知识和智慧积累的高度提纯。

这种朴素简单，表现在各个领域。

我一生中最沮丧的一个瞬间，可能是我生完孩子之后第一次称体重的时候，因为我比怀孕前重了整整50斤。吴晓波老师后来在一篇文章里回忆说"那时候脱不花看起来活像一只骄傲的帝企鹅"。

我从出院的第二周就开始疯狂地控制体重，你能想到的所有减肥手段，除了没吃非法减肥药，我全都熟悉。但是，很不幸，我要告诉你的是，这些手段都没用。而且我的腰椎间盘因为强度过大的力量训练受伤，留下的隐疾至今未愈。

最重要的是，因为体脂超标到令人难以想象的程度，我在回到工作岗位之后，发现精力完全跟不上团队的节奏，每天的工作时间都比别人少很多。即便如此，下班回家后还是累个半死，连跟孩子玩一会儿的精力都没有。

感谢老天爷，这时候万能的徐小平老师把张展晖介绍给了我。

展晖跟我面对面聊了一次，带我去了一家专业健身房，为我测量了心率和呼吸，然后给我两张表格，一张是指导饮食的食谱，一张是每天的运动计划。我拿到一看，心里不禁吐槽：什么？老娘可是对什么减肥手段都研究得很透，你就给我看这个？也太简单了吧？

可以说，我们的第一次合作，完全是看在徐小平老师的面子上才开始的。

我按照展晖设计的方案开始执行。第一周，体重、体脂都没发生变化，我也不多说什么，每天就是把体脂秤的截屏发给展晖，直接暗示：方案没用，你自己看看！

但是，从第二周开始，我进入了健康数据每天都变好一点，甚至偶尔不按照方案执行也不干扰健康向好进程的状态。

3个月之后，我扔掉了整个衣橱里的肥大衣服，穿着贴身的丝绸长裙参加了我们公司的年会。

而且，对同事们来说，这也意味着那个24小时在逼问工作进度的"魔头"又回来了。

为什么我会在一开始那么质疑展晖呢？

因为他给我的方案实在太简单了，也不需要投资任何东西，以至于外行看来没有什么含金量。

万万没有想到，简单的东西蕴含着这么大的力量。

我至今都十分感谢展晖对我的帮助。因为他给我纠正的健康观念和帮助我建立的健身原则，使得我在第二次怀孕生娃的时候，体重只增加了 20 斤。生完之后一个月，陌生人见到我完全不会相信我刚刚生完孩子。3 个月，身体就已经恢复到最佳状态。

更重要的是，他的这套方法让我"心里有底"了。即使一段时间因为过于忙碌导致状态不佳，我也很清楚地知道，怎么略作调整就能重回正轨。我不再有沮丧的无助感，我可以完全掌控自己的人生。

所以，当在"得到"开始着手为用户提供各个领域的知识解决方案时，我非常高兴地把展晖请来，开设了一门健康管理课程。今天，展晖把基于这门课程的所有重要知识和方法写成一本书，更是一个价值非凡的事件。作为一个曾经误入歧途的健身者，我想说的是，这个领域的各种花拳绣腿，终于可以消停了。每个想通过健身获取健康的人再也不用花冤枉钱、浪费时间了，让我们重新回到简单朴素的健康理念里来吧！

也许你在第一次看到这套理念和方法时，会有和我当年一样的疑问：太简单了吧？

请默念三遍：简单就是高级。简单就是高级。简单就是高级。

每个人都可以精力充沛过一生

自序 · 张展晖

在运动健身、健康管理这条路上，我用近 10 年的时间掉进、爬出过几乎所有的坑。

我父亲是前篮球国家队运动员，身高 198cm，母亲也是前女篮省队运动员，身高 174cm。所以毫无悬念，我凭身高优势，从小就为进入专业运动队做基础训练。但因为挑食，那时的我瘦得可怜。参加体校的高中篮球对抗训练时，每天的对抗训练时间变成了我被"欺负"的时间。

为了强身健体，我每餐在原来的饭量上多加一份盖饭，比如宫保鸡丁盖饭、鱼香肉丝盖饭，并开始更多的力量训练，比如扛杠铃、做深蹲。3 个月过后，体重没怎么变化，外形上的唯一变化是脖子后面被杠铃压出了一个大包。我想，也许我不适合强度太大的对抗类运动项目，于是放弃了去专业运动队的想法。

后来升入大学，系统地学习了营养学和力量训练课程。这时我才发现，不是我不适合对抗类运动项目，而是饮食和运动方案出了问题。比如：碳水化合物摄入太多，蛋白质类食物补充不足，这样的饮食结构导致身体随着训练量的增加，不但没有变结实，反而更瘦了。于是，我重新制订了饮食和运动方案，几个月后，我的身体结实了很多，算是从营养这个坑里爬了出来。

然而，从一个坑里爬出来，紧接着又掉进了一个更大的坑。

上大学时，我遇到了一些事情，心理有些失衡。

从此天天胡思乱想，睡不着觉，过了半年左右得了神经性皮炎，吃了不少药却一点用也没有。脸上、身上的皮肤都出现了问题，一个人独处时心事很重，和人交往压力更大，整日昏沉乏力，什么事都做不了，只好选择休学一年。

然而彻底的休息也没能改善我的皮肤问题，病情一直反反复复，负面情绪越来越严重，离返校时间越近，我的压力就越大。

有一天，我坐在窗边想，如果离开这个世界，是不是一切就轻松了？如果我现在离开，有什么是我留恋的？这时脑子里闪现出家人和朋友的笑脸，我发现原来这些是我最留恋的，而我却没有为他们做过什么。我有运动训练的经历，学的是和运动健康相关的专业，我能通过自己的能力帮他们做些什么？这点想通了，有了生存的动力，负面情绪也少了很多，第二天早上就开始了跑步。

没想到，十几天后皮肤状况好了一大半，这时我突然意识到，原来心态和运动对健康的影响这么明显。我更加确定自己要做什么，就是要全身心地投入到健身教练事业中去。

可没想到自诩专业的我，还是遇到了更大的"瓶颈"。

为了提升自己的专业水平，我参加了很多国内的健身培训课。这些课程大多讲的是，一个动作作用于哪块肌肉，会产生什么效果，让我错认为瘦不下来就是运动量不足,加大运动量就能瘦。

我当时正好带着一位董事长训练。他 40 岁左右,身高 174cm,体重 102kg,因为比较胖没有自信,每次来健身房都不敢和别人打招呼。这位董事长每周训练 5 天,每次一个半小时,执行训练计划特别认真,第一年体重从 102kg 减少到 85kg,看起来小了一大圈,但还是有些偏胖。

第二年继续训练,结果悲剧了,体重不降反升,从 85kg 增加到了 87kg。随着体重的改变,体能的增长也特别夸张。我们一起去爬泰山,他在前面几乎是跑着上去的,我在后面追都追不上,累得气喘吁吁、眼前发黑。我一边追,一边纳闷,一周训练 5 天,都练出运动员的水平了,怎么还是不瘦啊?

后来才意识到是饮食和运动强度出了问题。

一方面,想要控制体重,控制饮食是关键。

这位董事长觉得练得这么辛苦,再吃大鱼大肉等于白练了,于是改为一大碗面条。结果导致碳水化合物也就是糖分摄入超标,因此他的体重一直没太多变化。同时运动强度高时,消耗更多的是身体里的糖分而不是脂肪,更容易产生饥饿感。

另一方面,高强度训练不等于快速瘦身,睡眠等恢复环节也极其重要。

运动强度是有区间的、因人而异的,每个人都有自己的运动舒适区,并不是越累越好。我们一说起运动员的生活,头脑里经常浮现的是运动员的高强度训练,很少会想到运动员是怎么进行休息恢复的。《巅峰表现》(Peak Performance)一书的作者曾经采访了几十名优秀运动员,发现这些运动员的饮食不同,训练内容也不同,但是有一点却完全相同,就是特别重视睡眠质量和运动后的恢复调整。重视到什么程度呢?现在 NBA 或是欧洲足球俱乐部专门给运动员购买睡眠舱来提升睡眠质量。可见休息恢复对运动效果的重要性,可是这一点在健身过程中一直被忽视。如果睡眠不够，再按照原来的强度训练，效果就会大打折扣。

带着全新的运动理念，2016 年，我在《罗辑思维》连着讲了 13 期线上减肥课，帮助 3230 位小伙伴减去了 10336kg 的体重，相当于 10 辆轿车的重量。平均每人 28 天减少 3.2kg，腰围平均减少 4cm，表现最好的一位小伙伴在 28 天减掉了 13.2kg。

2017 年，我再次对理念和方法进行迭代，连续开办 12 期"饱瘦训练营"，用"心态 + 饮食 + 运动 + 恢复"这一精力系统管理方式，成功帮助 6000 多名小伙伴达成目标，实现了对身体、心态、生活的全面掌控。

其中一个学员让我印象很深刻。他告诉我自己想跑步，但是觉得跑步的过程十分痛苦，10 分钟都坚持不下来。他之前跑的速度是每小时 8 千米，最多坚持 8 分钟。通过测试计算，我发现适合他的训练速度不是每小时 8 千米，而是每小时 3.7 千米，这个比走路还慢的跑步速度才适合他起步阶段的训练。他按照我的建议循序渐进，3 个月后就能轻松地以每小时 7.5 千米的速度跑 1 个小时了。他觉得身体状态和精力都改善了很多，不运动反而全身不舒服了。

我的丈母娘，以前为了减肥节食，瘦是瘦了，变得容易疲劳、怕冷、失眠，越休息越累。用了精力系统的管理方式，她觉得身体越来越灵活、轻松，愿意参加更多的活动，并且已经在准备自己的第一个半程马拉松了。

在"得到"录制《有效管理你的健康》课程时，罗振宇老师说，他健身的最大的目的是让自己获得充沛的精力来应对工作和生活，身材改变只是其中的一个必然结果。我也发现，更多人通过我的这套管理法，增加了对生活的掌控感，变得更愿意挑战其他事情。减肥或减脂只是一小步，并不难，一旦迈开这一小步，需求就会变成——我需要更好的精力状态去主动迎接更多的挑战。这太让我惊喜了。

于是，就有了这本关于精力管理的书。

很多人一听到"精力管理"这四个字，觉得精力看不见摸不着，谈管理很难。我也想了很久，却觉得只有这四个字能更好地概括我的健身观念和方法。

事实上，精力管理的本质就是让人体持续表现出最佳性能——能够胜任工作和生活，还有余力完成自己的喜好，而决定这一点的条件和规律，就是我前面提到的简单的几条——心态、饮食、运动、休息。和解决所有事情的路径一样，抓住本质、找到原则后，努力坚持，达到目的就指日可待了。精力管理也是如此。精力充沛靠的不是天赋，而是后天对身体的科学使用，可提升、可管理、可掌控。而且既然是规律，就要循序渐进。

在本书中，我分五章讲了精力管理。

第一章是精力管理系统的概述，用很多实例为大家详解了这套系统，相信能解开您的很多困惑。从第二章到第五章，是具体的方法论。其中第二章讲的是精力管理的运动系统，相信您会对号入座，发现自身存在的很多认知误区，并在厘清错误认知的同时获得一系列简单有效的方法；第三章讲的是精力管理的饮食系统，分门别类地阐释如何选择、搭配饮食才能保持和提升精力值；第四章讲的是精力管理的休息系统，具体说明如何高效休息，为身体及时赋能；第五章讲的是精力管理的心态系统，告诉大家如何找到精准的目标，并找到持之以恒的动力。

我一直固执地认为，每个人都可以精力充沛地过一生，只要找到有效的方法。这个自证的过程漫长曲折、惊喜不断。我之前也总羡慕那些精力充沛的人，我老婆跟我说，别光羡慕别人，找到方法谁都可以做到。因为她的一句话，我开始了我的寻找，也才有了这本书。

在这几年的减肥课和训练营中，我看到了书中这些方法给很多人带来的改变，也希望拿到这本书的您，轻盈而强大，拥有精力充沛、光彩从容的一生。

实现对自己人生的全面掌控

成为一个精力充沛的人

摆脱有心无力的失控感

Chapter 01

精力管理
——万事从 0 到 1 的终极秘诀

世界 500 强公司高管最隐秘的忧患

在做健身教练近 10 年的时间里,我接触过很多精英人士。

他们身上有着不少的共同特质,例如行动力强、自律、敏锐、运气好、高效、专注……对充沛的体力和精干的外形都有近乎偏执的渴求。

从健康、身材和外形方面来看,他们中的很多人属于中上之流,个别人更是属于上上之流。工作再忙,节奏再紧张,运动从来不打折扣。不找借口偷懒,已经恒定地成为他们的一个生活法则。

那对他们而言,为什么运动这么重要呢?

这要说到我在某世界 500 强公司的一次讲课。

这家公司位于北京国贸三期,工作人员都是精英范儿,精干得体,体重管理也算是非常成功了,照理说不太需要运动指导。我的课程被安排在某一个周五,当天是感恩节,没有想到的是,在工作节奏很快的这家公司,这个课程的 50 个名额很快就报满了。

在柔韧性训练环节，我带着他们做拉伸动作，一拉伸肩膀，一屋子人的关节一齐"噼里啪啦"地响，这样的关节奏鸣曲我还是第一次听到。

长时间肌肉紧绷到这种状态的他们看似精干，却都有个"胖子核"：

> "胖子核"是外形看起来很瘦，BMI（体质指数）在正常范围内，但实际体脂率超标的一类人。成年女性的正常体脂率范围是 20%～25%，成年男性是 15%～18%，若体脂率过高，体重超过正常值的 20%，心肺功能、血脂和血压等都容易出现问题。这类人中的大部分都有一个特点：四肢匀称、腰腹肥胖，呈现出我们常说的"梨形身材"。

在后面的提问环节，我发现他们对运动有着浓厚的兴趣，所提的问题基本都指向精力状态——如何在高强度的工作中保持持久的续航力。

其中一个女生给我留下了深刻印象。

这个女生负责整个中国区经销商的价格对接工作。她每天早上 8 点上班，晚上 8 点下班，平均每天要处理 40 个谈判电话，下班以后整个人的身心基本处于被掏空的状态，所以必须选择一种方式释放压力。她选的是弹钢琴，从晚上 8 点一直弹到 9 点，其间不接任何电话，所有事情在 9 点之后再处理。

但一天仅有 1 个小时的"放下"时间显然是不够的。

她很焦虑，特别想知道自己到底应该做什么，朝着哪个方向做，才能够使心态更平和，精力更充沛。她找不到这种支持，无法导向更好的状态。

她的诉求很清晰：

在这种压力下，睡眠不足怎么办？

工作应酬不可能不喝酒，喝了怎么办？

一天平均就要接40个电话，接得头昏脑涨怎么办？

在周而复始的工作状态下，怎么知道自己的精力极限值是多少？

身心被掏空怎么补救？怎么保持精力旺盛？

这些问题显然已经不能单纯靠瘦身和运动来解决了。

当我们健身时，我们想要的究竟是什么？

同样的诉求，在我的饱瘦训练营中也有所体现。

饱瘦训练营中有 40% 左右的学员的体质指数 BMI 属于正常范围，甚至有 1.25% 的学员属于偏瘦范围，真正达到肥胖程度的学员只有极少数。（见下图）

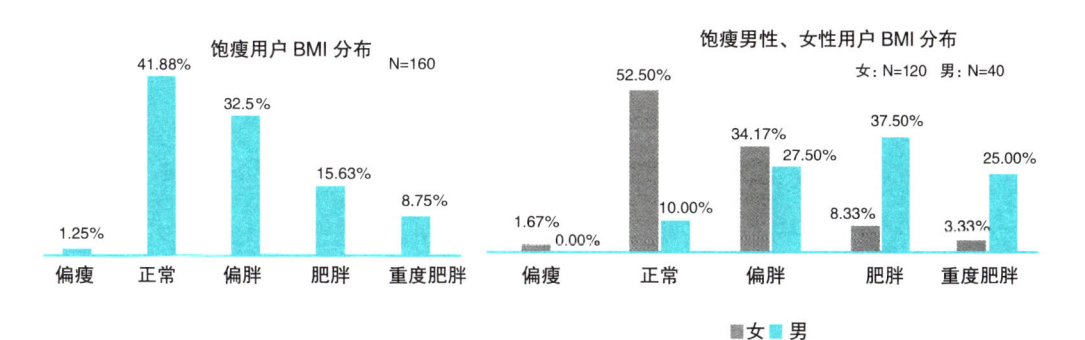

饱瘦用户 BMI 分布 N=160

- 偏瘦 1.25%
- 正常 41.88%
- 偏胖 32.5%
- 肥胖 15.63%
- 重度肥胖 8.75%

饱瘦男性、女性用户 BMI 分布 女：N=120 男：N=40

	偏瘦	正常	偏胖	肥胖	重度肥胖
女	1.67%	52.50%	34.17%	8.33%	3.33%
男	0.00%	10.00%	27.50%	37.50%	25.00%

饱瘦训练营用户 BMI 数据分析

可他们为什么还要进入饱瘦训练营进行体重管理呢？

和学员们深入接触以后，我发现：

有的人觉得生活像一团乱麻，想通过调理自己的身体，让自己焕然一新。

有的人觉得自己过于颓废，希望通过改变体重重获自信。

有的人则希望通过对体能的不断探索，感知和拓展自己的能力边界，让生命有更多的可能。

原来，"瘦身"这个词最本质的意义，既不是"变美"，也不是"变瘦"，而是：

实现对自己人生的全面掌控——成为一个精力充沛的人，摆脱有心无力的失控感。

为了验证我的这一判断，2017 年，我和我的数据营销顾问——全球顶级 4A 公司数据分析总监王泽蕴女士一起，在全国范围内进行了一次历时 3 个月的减肥市场和人群调研。

我们亲自与大量的一线减肥者进行了面对面的访谈，做了大样本的抽样调研，从数据分析角度看到了广大正在减肥、运动"旋涡"中的人们的真实情况，也看到了减肥市场主流人群和我们饱瘦训练营学员的不同。

现在市场上的大部分减肥人群，一直深陷在传统减肥观中，只追求短期的外在塑形效果。

而饱瘦训练营学员在经过几次迭代方案训练后,变化惊人,对于"瘦身"的诉求更加接近本质——拥有精力充沛的人生。

您减肥的目的是什么?

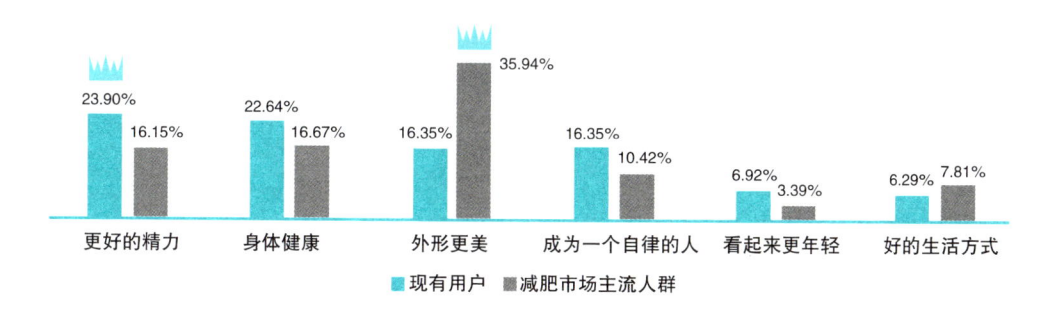

	更好的精力	身体健康	外形更美	成为一个自律的人	看起来更年轻	好的生活方式
现有用户	23.90%	22.64%	16.35%	16.35%	6.92%	6.29%
减肥市场主流人群	16.15%	16.67%	35.94%	10.42%	3.39%	7.81%

饱瘦训练营学员(现有用户)与减肥市场主流人群减肥目的的数据分析

以外形更瘦、更美为诉求的减肥市场主流人群,减肥的目的一般是提高形象自信力或提升求职成功率,往往会选择按摩、节食等速成方法。

而饱瘦训练营学员的首要诉求是拥有更充沛的精力,其次是身体健康,外形更美则被排在了第三位。他们更相信精力管理是一种优质的生活方式,需要长期、科学、系统地坚持;更相信认真对待、细心管理自己的身体,才能在生活、工作、个人爱好等多个赛道上跑出漂亮的成绩。

什么是这个碎片化时代的核心竞争力？

美国运动医学会（American College of Sports Medicine, ACSM）给出过这样一个健康体适能概念：

> 每天能有足够的精力去工作和学习，有余力享受休闲活动，能积极应对突发身体状况。

这对现代人来说，是一个非常高的要求，可以说是很多人梦寐以求的体能状态，而上述概念的核心词就是"精力"。

那如何来定义精力呢？

我认为，精力包括身、心两个层面，包含体力、专注力、意志力等多个维度。

在这个信息爆炸、竞争激烈的全球化时代，谁的体力充沛，专注力和意志力强，在竞争中胜出的概率就会大大提高。要做到这些，不做精力管理和规划，一切都是空谈。

那怎样才算做到了精力管理呢？

主动全面掌控自己的体力、专注力和意志力，让自己长期保持收放自如的状态，有可持续的信心和能力去应对挑战和变化，这就是精力管理。

大家注意，在这个定义中，特别强调的三个字是"可持续"。

一时的精力充沛不难，不做管理也可以达到。但精力在短时间内达到峰值、之后又跌到谷底，或靠外在的短暂刺激获取一时的巅峰状态，都不是精力管理的正确打开方式。

记得我在体育学校篮球班的时候，篮球班要和田径班比赛800米长跑。我们篮球班的参赛同学听到枪响后就飞奔出去，速度和短跑的速度一样快，前400米遥遥领先田径班的同学，可是因为前面跑得太快，身体能量消耗过大，在后400米赛程里，速度一下子慢了下来，被田径班的同学轻松超过。

为什么会发生这种情况？

因为篮球班的同学没有管理好自己的体力。

精力管理也是一样。

精力需要管理，需要规划使用，因为它在一定时期内是有限的、流动的，表现会有高低起伏。如何做到使用精力时更加平稳？如何使它的分配阈值更高？如何在管理中找到赋能？如何做到精力用之不竭、生生不息……都是精力管理需要解决的问题。

训练最自律的运动员为什么会最早出局?

在给出正确的精力管理方法之前,我们先来看一看曾经陷入哪些管理误区。

很多人认为运动是一件很简单的事,经常锻炼身体会让身体变强,让精力状态变好,殊不知如果运动的强度、时间、方式不对,可能会适得其反。

我曾经在老家省体育运动学校里接受专业篮球训练。

当时我所在的体校篮球队大概有20人,都是从全省各个城市的初中和高中选拔来的体育尖子生,其中有个队员让我印象深刻。

他是我们篮球队的队长,身高大概180cm,在我们一群人中并不算出众。但是训练起来他比谁都认真,比谁都能坚持。教练让做30次蛙跳,他能做50次;教练让做5组折返跑,他能跑7组。队员们都叫他"拼命三郎"。我真的很佩服他,我每次体力不支想躺在地上的时候,都能看到他还在咬牙继续训练。我当时觉得，他这么努力，一定有机会进入国家队。

可是3年后，他回到老家的县城小学当了体育老师，并没有去成国家队。为什么呢？在训练场上的努力并没有让他的身体变得更强，反而是过度训练让他的膝关节频繁受伤，手术费用加重了家里的负担，他只好放弃了篮球梦。

可见，错误的训练方式并不能让身体更强，也不能让人的精力状态更好。

后来我了解到，NBA运动员每天的训练时间并不比国内运动员多。例如NBA队员保罗·加索尔（Pau Gasol）的日常生活是：上午在早餐后开始训练，包括全队合练和之后的个人体能训练，下午回到自己的公司打理事务，晚上是家庭时间。每天只有一两次训练，这在很多人看来，是不可思议的——训练不够密集，怎么出成绩？

国内的专业运动员每天早操，上午训练，下午训练，晚上甚至还有投篮练习。经过每天不间断的训练，反而没有NBA队员的身体状况好，也没有他们的技战术水平高。这是一直让我疑惑的事情。

直到我参加了阿迪达斯全明星训练营后，才消除了这个疑惑，我意识到两者思考问题的逻辑是完全不同的。

2001年，阿迪达斯全明星训练营把全国40名优秀青少年篮球运动员集中在一起，进行为期几周的训练，由国内教练和外教一起担任教练员。

其中一次体能训练课的内容是折返跑，就是从罚球线到底线来回折返5次。

国内教练不断地强调速度，但是我怎么跑也无法超越之前的速度。

这时来自美国的教练和我说："你需要动脑，算算自己跑到罚球线一共用了几步，怎样用最少的步子、最少的消耗，正好跑到折返的位置再返回。一步也不要多，你要学会节省消耗和优化效率。"

当时我并没有完全理解这句话，但照着做了，发现速度确实加快了。之前不会考虑怎样节省体能，认为跑得越多就越有效，后来才渐渐明白，原来 NBA 球员不光是体能好，还知道怎样减少无用的消耗。所以，在比赛时体力管理得更为合理，效率就更高。

这些是从运动员的角度对精力管理的理解，普通人也同样适用。

我的一位朋友在一家知名创业公司工作，一直保持着良好的运动习惯。从去年开始，他希望自己的精力状态更好，就加大了运动强度，健身教练要求他每周要去健身房 5 天。但是半年后，他非但没有变得更有精神，反而感到越来越累，特别是健身后的第二天，会感觉更加疲倦。

直到有一天过量训练后，他一不小心把脚踝扭伤了，不得不彻底休息。

我见到他的时候正好是他养伤的第二周，他问我："怎么感觉受伤不用训练后，精神状态反而更好了呢？"我和他讲了训练强度和休息之间的关系，他才明白并不是训练强度越大越好，科学正确的训练方式因人而异，用对了才会让人舒适，精力复苏。

所以，我们应该明白，身体状态和精力状态变好不是因为高强度运动，科学化的运动方案才是让身体状态和精神状态变得更好的重要原因。

拳头收回来，才能更有力地打出去

在一本名叫《巅峰表现》的书中列举了一些美国职场精力消耗的例子：

超过一半的职场白领认为他们已经快要崩溃，不能再接收更多信息了；

只有三分之一的白领享受了"午休"时间，也就是离开自己的办公桌去吃顿正式的午饭……其他人都是在办公室应付了事；

27%的人会在晚上10点以后到早上6点之前的这段时间里工作，29%的人会在周末工作；

平均每人每年浪费掉5个带薪休假日；

53%的人认为工作太累，自己要垮掉了；

高盛公司有感于员工工作强度太高,给员工限定了一个每天工作时间的上限——17个小时。

这些高强度工作带来的负面效果,印证了我们国人在劝人的时候常说的一句话:不会休息就不会工作。

那怎样休息是科学的、有效的?

我们来看一个概念——超量恢复。

> 超量恢复是运动学的基础理论,指的是运动员或者普通人在经过一次训练后,体能水平会逐渐下降,之后经过饮食和睡眠的恢复,体能水平逐渐上升,乃至超过原先体能水平的情况。

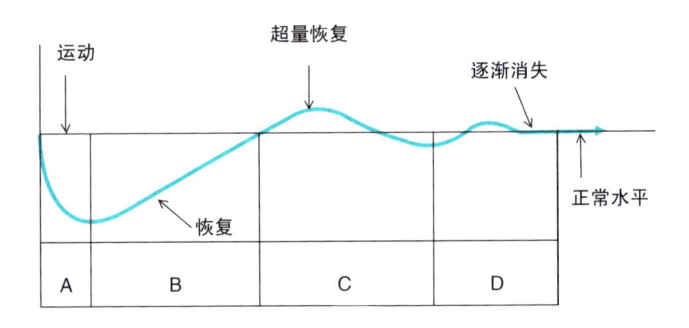

本图选自 Tudor O.Bompa,G.Gregory Haff *Periodization: Theory and Methodology of Training*

如上图所示，在经过训练后，我们的体能会下降，身体需要经过一段时间才能恢复到原来的体能状态，然后逐渐超过之前的体能水平，获得"超量恢复"。如果没有继续加大训练量，我们的体能水平又会回归之前的状态，丧失"超量恢复"的效应。

假如我们未等到身体足够恢复就继续训练，那么体能水平只会进一步下降，这种情况就是过度训练。

超量恢复和过度训练的最重要的区别就在于身体是否恢复充分。

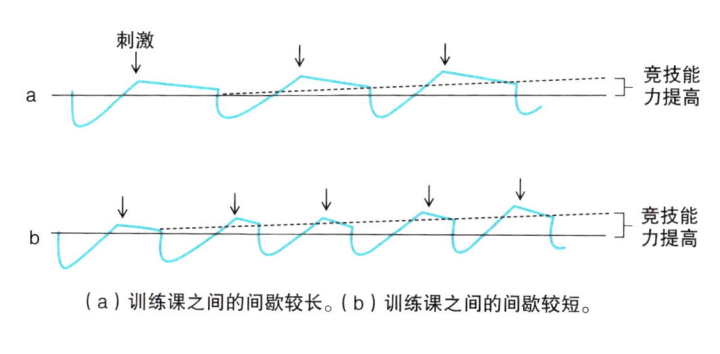

（a）训练课之间的间歇较长。（b）训练课之间的间歇较短。

整体训练效果

本图选自 Tudor O.Bompa,G.Gregory Haff *Periodization: Theory and Methodology of Training*

当我们持续、规律地运动时，如果没有足够的恢复时间，我们的身体机能不会逐步上升，反而可能逐步下降，其表现有食欲不振、注意力不集中、疲惫、训练时兴奋度不足、运动表现下降、性欲下降、睡眠质量差。

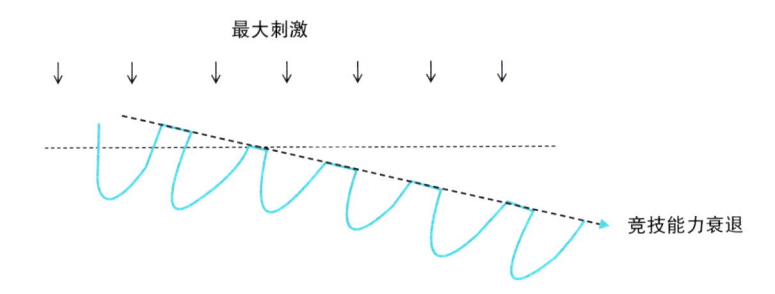

本图选自 Tudor O.Bompa,G.Gregory Haff *Periodization: Theory and Methodology of Training*

这个原理同样可以应用到我们的精力管理中。

用超量恢复的方式，让精力永远处在一个盈余状态，而不是入不敷出，这是让人变得更强大、精力永远充沛的关键点。

《巅峰表现》一书的两位作者布拉德·史托伯格（Brad Stulberg）和史蒂夫·马格内斯（Steve Magness）为了了解怎样才能让休息和工作分配得更好，研究了各领域高手持续发展的做法。他们发现了一个公式：成长＝压力＋休息，这也同样印证了超量恢复的重要性。

世界上有聪明药吗？

为了保持精力旺盛，人们会在运动健身之外走一些捷径。拥有足够精力和保持专注力有密切的关系，所有这些走捷径的人，会首先在获得专注力方面动脑筋。

在美国，很多大学生会使用一类叫作"聪明药"的药物来提高成绩，甚至很多专业人士也在偷偷服用此类药物。

其中较为常用的"阿得拉"（Adderall）是用于治疗注意力缺陷（儿童多动症）的一种药物，服用此药以后，注意力会高度集中，对所做的事情能一直保持兴趣。大学生们得知此药后如获至宝，因为服用后专注力和记忆力都明显上升，而且精力充沛，有人甚至声称可以一周不睡觉。

曾有临床试验让服用这类药和没有服用的人一起做磁共振，对比发现，两类人的大脑状态区别非常大。服药者的大脑几乎全部处于兴奋状态；而未服药者的大脑中只有少数区域处于兴奋状态。

大脑长期处于这种兴奋状态会怎样呢？

就像我们很多人在熬夜后或者精神疲惫时，用浓浓的咖啡或者含有高剂量咖啡因的药物，让自己拥有短期、高效的状态一样，时间长了，服用的人就会对这些食物或药物产生依赖。之后会产生焦虑、抑郁、失眠的副作用，继而还可能出现肥胖、血压紊乱、心脏病或者不育等身体反应。

专注力是非常稀缺的资源，也是保证精力旺盛的一种重要能力，但靠外界刺激获得，是对精力的一种耗散，而不是生发。同样，我们提到的体力、意志力等其他精力维度，都是需要在一定时段内出入平衡，才可能使精力用之不竭。用过度刺激、拔苗助长的方式获得精力，都不是长久之计。

为什么有人高开低走,有人笑到最后?

讲到精力管理不善,不得不再次提到《巅峰表现》的两位作者,他们都是在年轻时期就走上人生巅峰的精英人士。

马格内斯曾经是一位特别有潜力的运动员,是美国历史上跑得最快的五个高中生之一。他为了成为一名伟大的运动员,痴迷于训练,强迫自己必须每天晚上 10 点睡觉。别人谈恋爱的时候他在训练;别人过节狂欢的时候他在训练;别人还在睡梦中,他已经起床训练。他几乎不是在训练,就是在去训练的路上,所有时间都放在了精益求精的训练中,自控力极强,什么意志力、专注力,根本就不在话下,成绩斐然,最好成绩是青年运动员世界排名第二。历史上有人认为人类不可能在 4 分钟之内跑完一英里(1609 米),而作为高中生的马格内斯在一次关键比赛中,仅比 4 分钟多出了几秒,这是他人生的巅峰时刻,之后他始终没有突破这个成绩。

史托伯格从小就爱钻研经济学，他放弃了各种娱乐，每天都阅读大量的经济学书籍，还有《华尔街日报》《哈佛商业评论》之类的经济刊物。一毕业就进入了大名鼎鼎的麦肯锡公司（McKinsey & Company），工作期间比之前更加努力，自己总结出一套在12分钟内完成刷牙、洗澡、刮胡子、穿衣服的高效流程，每天披星戴月地工作，迅速成为行业新星，他曾研究出一个医保数学模型，无懈可击。不到24岁，他就被选进白宫，为总统出谋划策。他相信自己的上升之路刚刚开始，自己的工作很快就能影响国家政治决策，但事实上那是他最后一次职务升迁。

史托伯格和马格内斯的经历非常具有代表性，堪称卓越，极其高效。什么自律性高、意志力强、擅长规划、目标感足、专注投入……这些品质他们都有，他们的内在天赋和外部环境都很好，也取得了常人难以企及的成绩。

但是，他们都在还很年轻时的某一刻，突然不"玩"了。

也许是因为太累，累到"玩"不下去的程度；也许是因为事业发展到一定高度，心力损耗到不想再继续。不论是什么情况，这些人早期加速进步，之后这种势头却变得不可持续。

这种不可持续看上去是意志力的丧失，究其根源是在心理层面找不到可持续的动力。我在饱瘦训练营中遇到的很多无法坚持训练的人，也是同样的原因。要想获得源源不断的精力，其所需要的心理支持是无法忽略的。

总而言之，运动为精力赋能，可以提高精力系统的使用效率，让精力运转通畅、灵活；饮食是精力原料的生化入口；恢复活动可修复精力的系统性损耗，让系统保持流畅；而心态和认知是精力边界划定的管理者，是精力管理的核心力量和出发点。

精力管理就从这四点入手。

朴素的精力核心算法

运动员是一个对巅峰表现要求很严格的群体，因为他们在不断地挑战人类的极限，所以从运动到饮食、从休息到心态，都需要进行严格且科学化的管理，才能保证持续旺盛的精力。

例如运动，专门研究分解动作的专家们会从人体力学的角度最大限度地优化减少阻力，提高动作效率，延长耐力值。尼可拉斯·罗曼诺夫（Nicholas Romanov）曾经提出过这样一个观点：运动并不是用蛮力，而是借助重力。例如骑自行车时，腿部只是支撑点而不是发力点，发力靠的是身体重心的左右位移，用重力带动双腿轮流下踩踏板，自然向前移动（具体动作详见下图），这种方式相比传统的腿部发力来说，更加省力、高效，所以，我们也会发现现在的自行车运动员的腿部比之前的细了很多，就是因为改变了发力方式，而这种方式更加节省体力，可以让运动员骑得更快更远,精力使用效率得到了大幅提升。

本图选自尼可拉斯·罗曼诺夫(Nicholas Romanov)的《铁三技术训练法》(*Pose Method of Triathlon Techniques*)

例如饮食,每一位美国运动员都会配备一个专业营养师,什么时候燃脂、什么时候燃糖、饮食中蛋白质含量多少、每天减少还是增加碳水化合物的摄入量,都有测量依据,不是一句低碳高蛋白饮食这么简单。

再如休息,康复训练师也是运动员团队的标配,快速恢复状态始终是运动员群体最大的专业需求。流行一时的筋膜按摩和最近埃隆·马斯克(Elon Musk)在访谈中随手拿出的泡沫轴,都是最早应用于运动员恢复的器械。

由此可见,精力管理不是通过某项单一行为来实现的,而是由各部分因素组成的系统来完成管理的。回到我们普通人身上,精力管理的具体方法,是由以下四个维度组成的:

一、运动管理，找到身体的舒适区，让精力蓄水池时刻保持流动状态，让精力系统保持良性、高效运转，为精力赋能。

在这一维度中，通过分析最大摄氧量、心率、疲劳指数、压力程度指标来规划适合你的个性化运动方案，不再以"勤学苦练"、出汗多少为尺度来衡量运动的效果，确保精力在运动中生发而不是无谓地耗散。

二、饮食管理，为精力转化系统提供燃料，是最基础的精力管理方式。

饮食管理可以分为很多层面，例如分清优质饮食和劣质饮食，分清好的搭配和错误的搭配，分清自己具体需要的饮食量是多少。这些层面上的管理都做好，才算得上是指向精力管理的饮食管理。

三、休息管理，激活身体的复原机制，找准身体的精力潮汐。

会休息才会工作，而活出自己想要的人生＝休息＋工作。我们传统意义上的休息就是睡觉、娱乐，但事实上休息分为主动休息和被动休息。休息好了，对精力的改善是让人意想不到的，可以将精力系统保养得更好，让专注力、体力、意志力得到明显提升。

四、心态管理，想清楚自己到底要什么。

我的精力该用于哪些方面？什么在损耗我的精力？我想掌控什么？我想成为一个什么样的人？

想明白了这些问题，已有精力无论多少即可化零为整。使用精力时，也会更加专注，能够快速找到突破口，减少无谓的耗散。

这四个维度，每一个都很重要。

这四个维度应该是一个齐驱并进的过程。

我们追求的不是最快走到一个状态值,而是逐步提升并保持高点。

我们要的不仅是走到高点,而且还要轻松舒适地达到。

来吧,一起进入精力充沛的人生。

精力管理认知清单

1. 什么是精力？

精力包括身、心两个层面，包含体力、专注力、意志力等多个维度。

精力在一定时期内是有限的、流动的，表现会有高低起伏。因此，精力需要管理，需要规划使用。

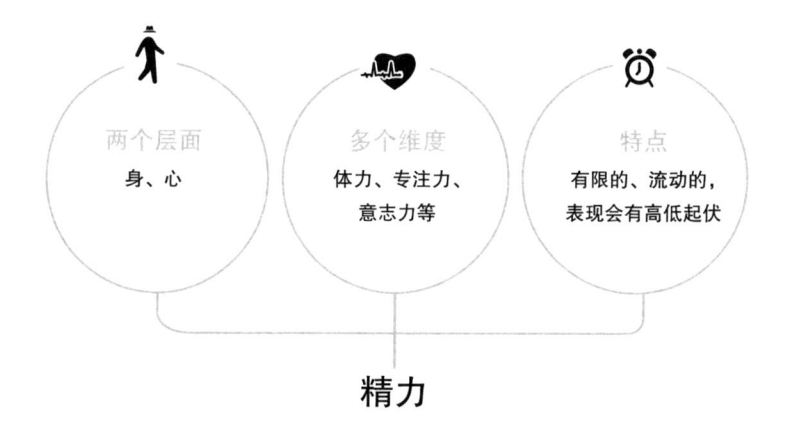

两个层面	多个维度	特点
身、心	体力、专注力、意志力等	有限的、流动的，表现会有高低起伏

精力

2. 什么是精力管理？

精力管理是指主动全面掌控自己的体力、专注力和意志力，让自己长期保持收放自如的状态，有可持续的信心和能力去应对挑战和变化。

精力管理是一种优质的生活方式，需要长期、科学、系统地坚持；认真对待、细心管理自己的身体，才能在生活、工作、个人爱好等多个赛道上跑出漂亮的成绩。

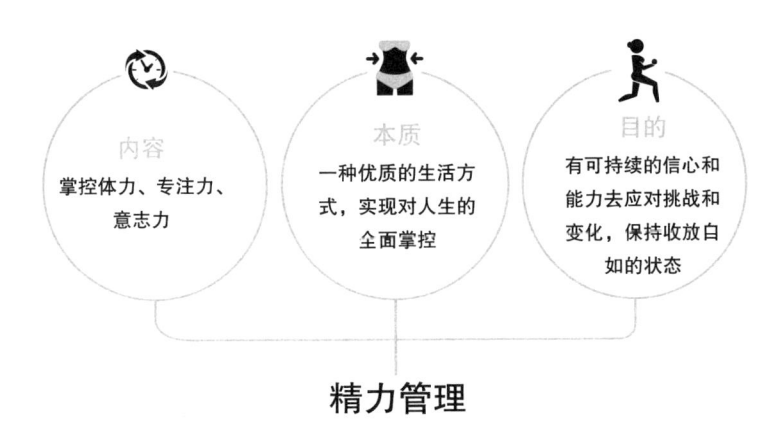

内容
掌控体力、专注力、意志力

本质
一种优质的生活方式，实现对人生的全面掌控

目的
有可持续的信心和能力去应对挑战和变化，保持收放自如的状态

精力管理

3.如何实现精力管理？

精力管理不是通过某项单一行为来实现的，而是由各部分因素组成的系统来完成管理的。运动为精力赋能，可以提高精力系统的使用效率，让精力运转通畅、灵活；饮食是精力原料的生化入口；恢复活动可修复精力的系统性损耗，让系统保持流畅；而心态和认知是精力边界划定的管理者，是精力管理的核心力量和出发点。

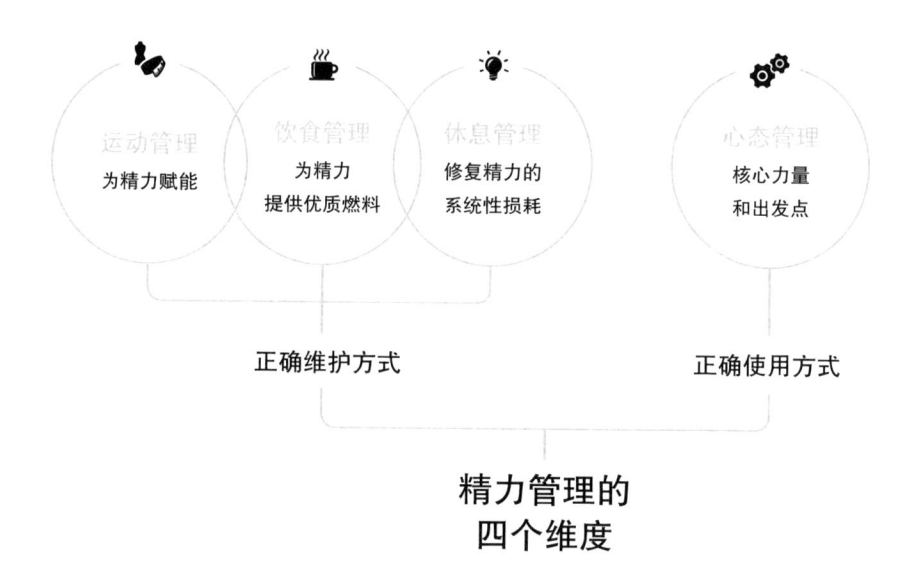

运动管理
为精力赋能

饮食管理
为精力
提供优质燃料

休息管理
修复精力的
系统性损耗

心态管理
核心力量
和出发点

正确维护方式　　　正确使用方式

**精力管理的
四个维度**

运动健身的本质诉求

是在高强度工作中游刃有余

在工作之外还有精力享受生活

Chapter 02

精力运动

——20% 的精准投入，80% 的能量产出

追求傲人的马甲线还是旺盛的生命力？

说到运动给人带来的益处，我们脑海里浮现的大都是一些人通过运动而拥有的八块腹肌或马甲线、线条明显的肌肉，好像是体形越美，身体越健康。我以前也是这样认为，觉得运动的根本目的是身体健康，而肌肉越多越有利于健康，那运动的首要目标就是锻炼出肌肉。我在健身房做健身教练的时候，每天上课的内容就是带领学员锻炼不同部位的肌肉，自认为这是对学员最切实的帮助。

可是后来有一件事，让我对此产生了怀疑。

有个朋友曾经跟我说，他在做了大量的运动以后，感觉身体更加疲劳，失眠更加严重，以至于工作效率更低了。

可能你也经常去健身房运动，在大多数情况下，健身教练都会为你设计一套运动方案。这套方案包括什么呢？一个是举铁，就是在推胸机、划船机这类器材上练习；还有一个是跑步。通常就是这两个内容。按照这个方案运动了一段时间后，你可能并没有感觉到身体发生了明显的变化，甚至觉得比运动之前更累。就像我那位朋友一样。

这是为什么呢？到底举铁、跑步这样的运动方式，能不能让你的精力更充足、身体变得更好？如果不能的话，那你去健身房到底是为了什么？

所以，我认为在运动之前，首先应该弄明白运动健身的目的是什么。

关于运动健身的目的，我在看到美国运动医学会（American College of Sports Medicine，缩写为 ACSM）给出的健康体适能原则时，才觉得茅塞顿开。

健康体适能是体适能评测内容之一，它明确规定了身体成分组成（人体内各种组成成分的百分比）、肌肉力量（肌肉产生的最大力量）、肌肉耐力（肌肉持续收缩的能力）、柔韧度（无疼痛的情况下，关节所能活动的最大范围）、心肺功能（心血管系统发挥效率的能力）等不同身体要素的评测方法和训练标准。

> 所谓健康体适能，就是指一个人每天有足够的精力完成工作和学习任务而不疲劳，并有余力享受休闲活动，还能应付突发状况的身体能力。

其实健身运动的目的，不正是如此吗？在高强度工作中游刃有余，在工作之外还有精力去享受生活，这才是运动健身的本质诉求。

我曾经问过罗振宇老师："您想通过运动达到什么目的？"他说："其实我不想要变得很瘦，我最需要的是每天都能精力充沛地去工作。"对于罗老师来说，当他需要长时间做节目或者站在舞台上做演讲时，能够有充足的精力支撑他完成这个高强度的工作才是最重要的。这一点对他来说，要比拥有健美的体形重要得多。

但是，现在很多人的状态是，结束一天的工作回到家中，根本不想动了，只想瘫在那儿睡觉。为什么会这样？怎么解决这个问题？在这样的情况下，你还要跑步、举铁吗？这些都是我们应该去考虑的，也就是怎么评估我们的身体情况？选择什么样的时间运动？选择什么样的方式运动？

心肺功能决定一切

在我们过去的认知中，如果把肌肉力量、肌肉耐力、身体成分、柔韧度、心肺功能这五项身体要素按照重要性排列，通常会把肌肉力量和肌肉耐力排在前三的位置，然而，正确的顺序是这样的：

1. 心肺功能
2. 身体成分组成
3. 柔韧度
4. 肌肉耐力
5. 肌肉力量

这个排序是不是和你之前的认知不一样？跟随健身教练运动时，大多数健身教练都会说（之前我也是这么说的），只要练出肌肉，身体就会健康，要想少生病、增加新陈代谢，全得依赖肌肉。可为什么在这个排序中，反而是心肺功能位于第一位呢？

心脏和肌肉就像发动机和零部件的关系，如果心脏这个发动机出现了问题，再好的肌肉零部件都无法工作。

我以前一直以为最贵的康复是关节部位的康复，到了美国后才发现，最贵的康复是心血管系统的康复。

这是为什么？后来才想明白，心血管疾病排在所有致命疾病的首位，这就是一扇生死之门，掌控生死的系统当然是最重要的。这么简单的道理，我竟然一直没有想通。

2003年，日本做过一项大规模的疾病筛查，数据结果显示，慢性病和心肺系统功能之间有着密切的关系。心肺功能较好的人群患高血压、糖尿病等慢性疾病的概率明显低于心肺功能较差的人群。

可见心肺功能的健康程度直接影响到身体的健康程度，此外，心肺功能还左右着危急时刻的治疗优先权。

一位好朋友的奶奶80多岁，不小心摔倒了，经诊断是髋关节骨折，要去医院做手术。手术排期时，朋友的奶奶被安排在一位70多岁爷爷的后面。可是后来，朋友的奶奶反而先做了手术。一打听，原来那位爷爷的心肺、血压等各项测试指标都不合格，很容易在手术中出现脑出血、心肌梗死、高血压危象等意外，术后还可能引起非常麻烦的内科病，甚至出现其他危及生命的情况。而朋友的奶奶术前检查的各项指标都不错，所以优先做了手术。

说完排名第一的心肺功能，我们再来了解一下其他四项身体要素：

第二项是身体成分组成。这个成分组成包括身体中的脂肪成分和非脂肪成分（肌肉、骨骼、水分和其他脏器等）两部分。把身体重量和体内的脂肪含量控制在合理范围内，可以明显减轻心血管系统的压力，否则就像小马拉大车，会非常费力，甚至根本拉不动。

第三项是柔韧度。在日常生活中，后背痒时能不能把手伸到痒处挠一挠，手臂能不能抬起来拿东西，走路遇到坑时能不能把腿抬得足够高迈过去，这些都是我们经常遇到的需要柔韧度的场景，和生活质量密切相关。

第四项是肌肉耐力。走路时背着包、拎着东西，或抱着小孩，都靠肌肉耐力来完成。像抱小孩这个举动，重点是抱多长时间，而不是能不能抱得起来，这考验的都是肌肉耐力。

第五项也是最后一项，是肌肉力量。比如上举的肩关节力量训练方式，确实会让肩膀的线条变得漂亮，但我们平时用到上举动作的机会并不多，可能只有在飞机或者火车上，需要把行李举过头顶放到行李架上时才用得到。

所以肌肉力量训练不应该被列为运动健身的首要事项，而心肺功能的训练才是最重要的。提升心肺功能有一举多得的效果，它不单单有利于人体心血管系统的健康，对其他四项身体要素都有好处。比如锻炼心肺功能的同时，也可以减少身体脂肪、提高身体的柔韧度、提升肌肉耐力和加强肌肉力量。

高强度运动通常避不开疾病和伤痛

一说到心肺训练,有人首先想到的运动项目就是跑步。在这里,我要提醒大家:对于平时不运动的人,高强度的训练并不是心肺锻炼的最好选择;突然开始高强度的训练,反而会引起心脏问题。

心肺功能的训练,需要循序渐进地进行。

对于平时有运动习惯的人来说,随着运动强度的增加,血压也会上升,但可保持平稳状态。但是平时不运动的人在突然进行高强度运动时,随着强度的增加,会出现嘴唇发紫等症状,这是血压低、心脏供血不足引起的,严重时可能导致猝死。所以一定要小心,避免出现这种情况。

2009 年,我刚刚开始从事健身教练这个工作不久,当时也认为运动强度越大,运动效果会越明显。有一次,我带着一名学员正在训练,10 分钟之后他的嘴唇变成了紫色,我赶紧让他躺下来喝了杯水,幸好过了一会儿他缓过来了，最后没有酿成大祸。我也是从那个时候起，开始关注身体素质和运动锻炼之间的关系。之后我接触的知识越多，越知道当时那种情况的危险性有多大。如果大家在运动的时候，出现呼吸困难、嘴唇发紫、头晕耳鸣、恶心、胸痛、面色苍白的症状，一定要高度警惕，千万不要继续运动，而是要坐下来休息一会儿，让身体慢慢恢复。

20世纪70年代，美国市面上出现了第一本关于跑步的书《跑步大全》（*The Complete Book of Running*），这本书很快成为非小说类的畅销书。可是作者詹姆斯·菲克斯（James Fixx）却于1984年7月20日，在跑步训练课程中因心脏病突发死亡。死因是冠状动脉堵塞，最严重的一条堵塞了95%，另一条堵塞了85%。

种种实例说明，心肺功能的训练一定要循序渐进，同时心肺功能的训练要安全地进行。

之前我们也讲了，对大部分人来说，运动健身的目的是获取充足的精力去完成工作和享受生活。

这里我要告诉你一个很重要的常识，就是先天心肺功能比较弱的人，通过锻炼，心肺功能是可以得到改善的。但是锻炼的方案非常重要，直接影响到心肺功能的改善程度。

很多人以为，改善心肺功能就要进行高强度的运动，比如举铁。殊不知当你走进健身房、选择了举铁的运动方案时，或许就已经错了。首先，器械练习这种高强度的运动并不能帮你改善心血管系统。其次，如果你天生心血管系统功能比较弱，一上来就从高强度运动开始训练，可能会引发突发性心脏疾病，是非常危险的。

普通人并不需要加大强度去锻炼，并不是像你在微信上看到的那样，要虐得特别惨才会有效果。为什么很多人购买了私教课之后经常坚持不下来？就是因为运动强度对于他们来说太高了。

但在国内，一些教练为了让学员认为私教课的费用花得值，就不断地加大运动量，让学员以为运动强度高就会有效。但实际上往往会有反效果，很少有人喜欢痛苦的感觉。教练的作用，不只是监督和鼓励，还要根据学员的身体素质制定科学的、个性化的运动强度和运动周期。

而台湾地区健身工作室的教练采取的是截然不同的做法，教练让你理解运动，并由此喜欢上运动。安排的运动量让你感到稍微有点挑战性，运动结束做完放松后，会觉得全身舒服和通透。这才是我们提倡的循序渐进的运动方式，在运动之后你仍然有精力进行下一个工作或是活动，而绝不是运动之后疲劳万分，回到家只能一动不动地躺在床上。

在不了解自己心肺功能强弱的情况下，一开始就做高强度运动，例如跑步、举铁，会有哪些具体的风险呢？

运动猝死

在 2016 厦门(海沧)国际半程马拉松比赛中,有两名选手在跑步中猝死,一个人是在终点,另外一个人是在离终点 4.5 千米处。他们出现的症状是突然倒地、心跳停止、呼吸微弱、瞳孔放大。邻近有医疗志愿者对他们进行了心肺复苏和电除颤,但都没有抢救成功。

为什么这两名选手会突发猝死?因为在到达终点或接近终点时,人体的体能接近极限,心跳速度更快,体内氧气供应不足,二氧化碳排不出去,容易引起心肺功能衰竭,出现心脏功能骤停的情况。这是最应该提前预测并避免的悲剧。

这种猝死的风险不单单会发生在刚开始尝试运动的人身上,有运动经验的人也会出现这种风险,而且危险性更高。我在上大学的时候,一位队友的父亲在篮球馆里打比赛,他本身有多年的运动经验,但一直饮食不规律。比赛的前天晚上,他还在喝酒应酬,第二天比赛时觉得很累,于是下场休息,但一坐下就再也没有起来,我到现在也无法忘记当时队友痛哭的情景。我之所以说有运动经验的人运动猝死的风险更高,是因为他们更容易忽略身体不适的征兆,总是认为自己的身体和以前的状态一样,能够适应高强度的比赛,以至于因为大意,使悲剧发生的概率更高。

这里要特别提一下马拉松比赛。跑马拉松对人的身体素质和科学严格的训练有很高的要求,所以选手务必要选择适合自己的强度。如果选手选择的强度超标，耐力不够支撑到终点，情况轻微的可能是晕倒，严重的就会导致猝死。

台湾地区的跑步教练和作家徐国峰老师在他的跑步课程中举过一个例子（见下图），一名选手跑马拉松全程时本来应该选择心率强度 M 等级，即心跳在 142～155 次／分钟。可是他选择了更高的等级，在起跑 5 分钟后心跳就超过了 160 次／分钟，从图片中可以看到在 24 千米处，他的心率突然下降很多，原因是这名选手体力不济晕倒了，幸好没有出现其他问题。

所以首先要对自己的身体状况有准确的认识，才能找到适合自己的运动强度。

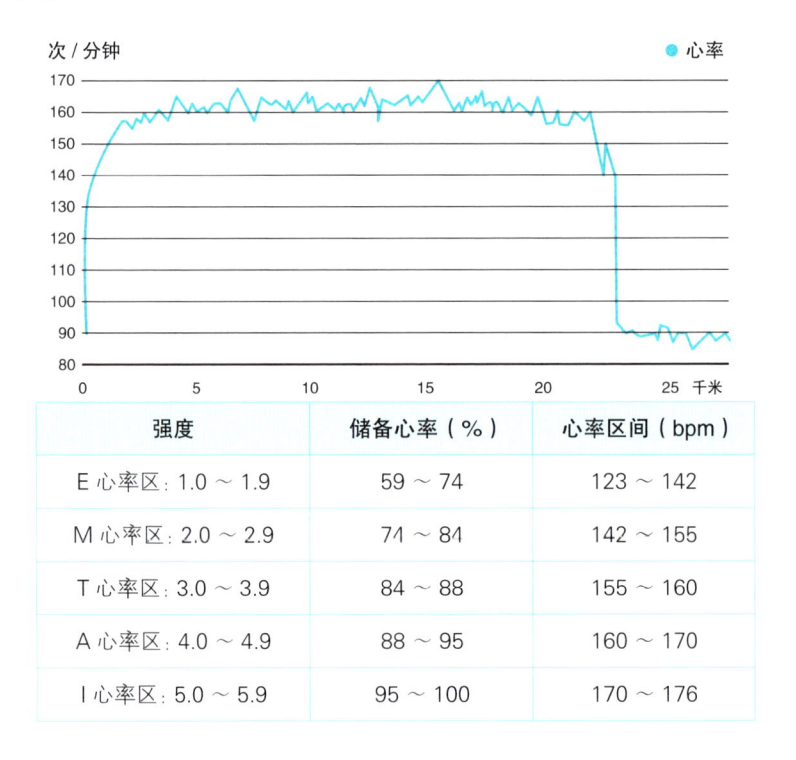

强度	储备心率（%）	心率区间（bpm）
E 心率区：1.0～1.9	59～74	123～142
M 心率区：2.0～2.9	74～84	142～155
T 心率区：3.0～3.9	84～88	155～160
A 心率区：4.0～4.9	88～95	160～170
I 心率区：5.0～5.9	95～100	170～176

降低免疫力

我们通常认为，经常运动可以提高身体的免疫力，减少生病的概率。其实不是所有的运动都有这样的效果，只有在适合自己的强度下运动，才会提高身体的免疫力。但有一点是我们应该知道的，就是运动强度过高时，是身体免疫能力最弱的时期。

我在大学期间学习运动训练这门专业课的时候，任课老师反复强调，运动强度高时，一定要保证周围环境没有细菌等有害物质的侵入。

起初我们都不理解这句话的意思，老师就用他曾经接受的教训做了解释，他说那是他犯过的最让他郁闷的一次错误。

在某届全运会前的备赛期，也就是赛前加大运动量、提高运动员成绩的周期，有两个外来人士进入全封闭的训练场地探访运动员，造成了流感在队员之间的传播。这个时期正是运动员运动强度最高、免疫力最低的时候，几乎一半的运动员都感冒了，严重影响了训练计划。

他们本来有信心在全运会获得3块奖牌，最后只拿到一块金牌，这个结果也算是不幸中的万幸了。

不仅是运动员，很多普通人也不清楚什么样的运动对于自己属于高强度运动，往往一味地增加运动量，希望能在最短的时间内取得最好的运动效果。结果变成每天都在进行高强度训练，不仅没有提高免疫力，反而降低了免疫力，容易生病。究其原因就是在运动强度和时间安排上出了问题。

躯体伤病

查理·芒格（Charlie T. Munger）在《穷查理宝典》（*Poor Charlie's Almanack: The Wit and Wisdom of Charles T. Munger*）里说过，做一件事最重要的就是先排除这里面不该做的事。

但是现实中很多人并不是这样做的，而是往不该跳的"坑"里跳了一遍又一遍。比如在跑步中，错误的跑步姿势可能引起踝关节、膝关节、髋关节受伤。但是很少有人在跑步之前先去了解正确的跑步姿势，大部分人是等到跑步导致了伤痛后，再去了解、改进。

之前看到一张图片上有一个要参加跑步比赛的穿着红色T恤的美国人，上面写着："我有滑膜炎、足底筋膜炎、髋关节滑囊炎等，膝盖半月板还受过伤，但我还在跑步！"看起来非常励志，但是，如果能提前合理安排自己的训练量，并了解正确的跑步姿势，就不会和这些伤病有任何关系。毕竟运动强度越高，身体越疲劳，发生伤病的概率就越大。

最大摄氧量圈定了你的运动安全区

事实上，不同的人之间，"发动机"（心血管系统是人体的发动机，最大摄氧量代表人体心血管系统的健康程度）的区别是非常大的。

我们曾分别给罗振宇老师和徐小平老师做了在运动医学中最专业的呼吸机测试，其中有一项是最大摄氧量的测试。

什么叫最大摄氧量呢？我们都知道，人在运动时需要氧气通过肺进入血液后参与能量代谢，运动量越大，需要的氧气越多。但是，人会在某一个时刻，无论怎么张大嘴巴、加快运动节奏或是加大运动强度，都无法得到更多的氧气。这时，血液利用的氧气数量就是人体的最大摄氧量。

这个数值代表心血管系统能不能很好地将氧气运送到体内参与代谢。最大摄氧量的数值越高，表示心脏越健康，效率越高。所以说，提高最大摄氧量的数值，不只可以控制血压、降低患心血管疾病和中风的风险，还会让你的头脑越来越清醒，精力更充足。

最大摄氧量代表了一个人有氧运动的极限值，换句话说，也就是人体能够利用的、参与到能量产出过程中的氧气最大值。人体运用氧气的能力十分重要，这个指标不仅用于指导运动员的科学训练，也能作为判定某些慢性疾病的一个依据。

日本在1998年做了一个3万人左右的筛查，发现最大摄氧量指标和患病概率成反比。（见下图）

不同最大摄氧量水平的男子医学检查异常出现率（三边等，1998年）

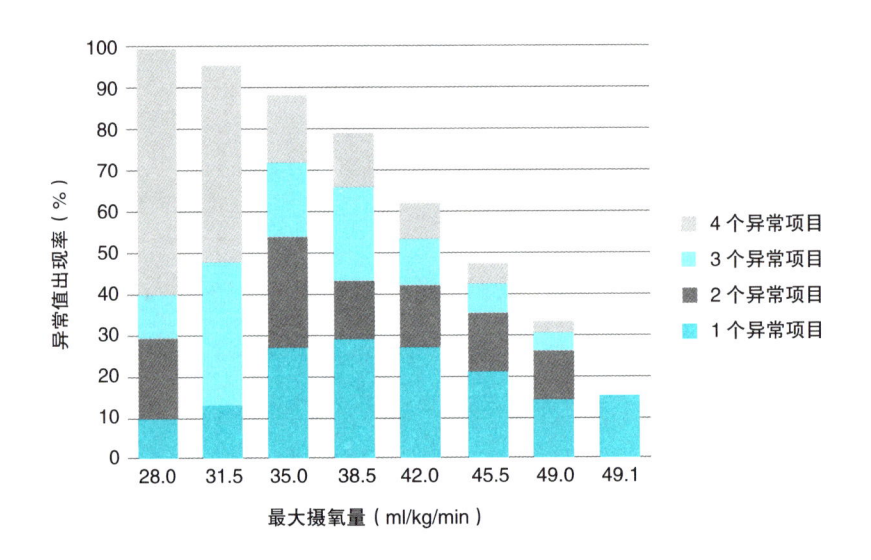

我们看上面这张图，人的最大摄氧量越高，体检的异常指标越少，但是当男性的最大摄氧量低于42这个数值时，身体的异常指标明显增多。对

于一个正常的成年人来说，男性的最大摄氧量达到40，女性的达到36，才算及格。位于及格线以下的人群会有不同程度的风险，位于30上下的人群甚至有猝死的风险。我遇到过不少长期加班熬夜的科技公司的IT人员，他们的最大摄氧量测试结果是29或30，这个数值是很危险的。如果长期压力大、睡眠不足，且最大摄氧量数值在及格线以下，可能会把生命的最后一秒都献给了工作。

心血管系统是人体的发动机，最大摄氧量代表人体心血管系统的健康程度。如果你的最大摄氧量指标低于40（男性）或者36（女性）的安全值，说明你缺少一个好的"发动机"，这其实是一个非常大的健康隐患。

只有发动机好，人体的血液供输才能得到保障。尤其是需要紧急而高强度的运动时，发动机的好坏尤为重要。如果发动机不够好，本身有血管堵塞的情况，身体在应急时刻得不到及时的血氧供应，结果可能是致命的。

我们看到过这样一个案例：在健身房工作的一位女经理由于长期伏案工作，频繁加班，又缺乏锻炼，身体的状态越来越差。有一年过年要赶火车回家，她和男朋友出门晚了，到火车站时火车马上要开了。两个人拎着行李跑了大概十几分钟，终于跑到了站台。刚要上火车时，这位女经理的男朋友发现她脸色不对，嘴唇发紫。当时他们觉得到火车上休息一下可能就没事了，结果上车出发后，女经理发生了心肌梗死，没有得到及时治疗过世了。

心血管能力较弱的人，平时一般不会有突发性危险，但一旦遇到巨大压力或超出自身强度的运动时，就有可能发生意外。

如何测试人体最大摄氧量呢？

我推荐购买专业的运动手表。这类运动手表除了可以监测最大摄氧量的数据，还可以监测心率等其他指标，可以反映出心肺功能的整体状态。

如何选择运动手表的品牌呢？实际上一般主流品牌的运动手表都可以测试最大摄氧量。选择的标准主要是看生产厂家是否采用了 FirstBeat 公司提供的数据。这家公司提供的数据包括不同性别、年龄、运动状态的数值，在准确性上比其他公司高很多。

运动的分寸：95% 舒适度 + 5% 挑战

我们平常也遇到过一些老年人，并没有接受过任何力量训练，但依然精神矍铄，身体状态很好。这说明他们的心肺功能一直处于不错的状态，这一点才是健康长寿的关键。

其实力量训练对我们生活的影响远没有我们想象的那么大，并不是说肌肉块头越大，身体状态就越好，寿命就更长，这两者之间绝对没有正相关的关系。

反而是心肺功能跟身体状态以及寿命之间有绝对的正相关关系。所以健身的首要目标就是改善心血管系统的功能。

这里我要先说明两个常识：

首先，每个人的心血管系统的先天基础是不一样的。比如，我们给罗振宇老师做最大摄氧量测试的时候，虽然罗老师在那段时间每天坚持游泳，但是他的测试结果只有 30 多，这个数字属于有风险的范围。徐小平老师在那段时间没有做任何训练运动，但他的测试结果比罗老师好很多。这是为什么呢？后来问了两位老师才知道，徐老师的爸爸已经 90 多岁了，身体依然特别硬朗，所以徐老师天生就有一个强大的心肺基础，这就是遗传因素的影响。

其次，心血管系统不好的人，通过心肺功能锻炼是可以得到改善的。当然，怎么制订锻炼的方案很重要。很多人以为只要是高强度的运动肯定对心血管系统的改善有效，就去健身房跟教练说"请往死里虐我吧"，否则就觉得钱花得不值，其实这么做是完全错误的。

我们做过一个测试，测试内容是让一个平时不经常运动的人边跑步边测量血压。试想一下，如果一个人平时不做运动，突然持续跑步 15 分钟，会出现什么情况？你可能会说，跑步时，血压肯定会越来越高，因为身体开始动了，心脏供血更多了。但事实是，这名测试者跑了 15 分钟以后，血压突然下降，于是我们立刻停止了测试。为什么会出现这种情况呢？当运动强度超出心脏负荷能力时，心脏不再回血，处于缺血的状态。如果心脏缺血状态没有得到有效恢复，心肌就会直接受损，心肌受损以后是不能自我修复的。更为可怕的是如果运动强度过高、心脏无法负荷的状态持续一段时间，就可能会直接导致心梗。

一本叫《刻意练习》的书告诉我们，刻意训练要离开舒适区，但也不能超越太多。我们在制定运动强度时也是如此，要找到属于你的舒适区。

寻找舒适区的目的首先是保证运动安全，其次是享受运动过程，并能从运动中获得激素改善的快感，这样才能让运动持续下去。如果没有良好的氧体能与肌力做基础，高强度的训练就无法持久，变成了只为消脂而进行的训练，这种训练通常为10～20分钟，在脑内啡还没分泌出来就结束了，根本无法享受到运动的乐趣。

当你按照正确的运动强度开始训练时，身体会以各种方式来适应你现在的运动强度，原来那些感觉有些困难的运动，可能经过一段时间后就会变得轻松了。随着时间的推移，身体条件会逐渐发生变化，你也需要相应地调整运动强度，始终保持在舒适区往上一点儿的那个范围即可。

为什么越运动越累？心率知道答案

以前一直以为科学家的工作是不断地发明、创造新的物质，现在才知道很多时候科学家不是在发明，而是在发现某种规律。就像牛顿被苹果砸到后，不是发明了引力，而是发现了引力这个规律，然后再做出模型使规律得以应用。

运动中的科学研究也遵循相同的逻辑。

运动生理学家发现人体在运动的影响下机能活动变化的规律后，对研究成果进行总结并做出模型，才使得这种规律得以应用。做研究时一定会用到的几个关键指标，就是量化、个性化和周期化。

有了量化才能把原来抽象的研究、主观的感觉数字化，才能对当下的情况做出评估。就像对两辆汽车进行比较，只看外表无法分辨出哪一辆车的性能更优越。必须衡量汽车的马力、扭矩、百公里加速等各项指标，才能做出准确的判断。

我们想象一下，把一台奥迪 A8 的发动机放在奥拓车上，如果车体本身不够坚固，在不断加大油门的情况下，可能导致车体散架。人也是如此，即便有再好的体能（指最大摄氧量指标），如果肌肉力量太弱、跑步技术太差，同样可能受伤。所以在制订个性化运动方案时，也需要参考这些量化数据。根据数据才能了解自己哪一项是弱项，需要进一步提升；哪一项是强项，需要充分发挥。

量化的指标除了前文提到的最大摄氧量指标，还包括日常需要监测的心率指标。

我们说过运动计划如果只有时间或距离，是无法保持合理强度的。因为如果运动计划只有距离，比如今天的计划是完成 5km，可能为了完成计划，越跑越快，导致运动强度过高。

但如果运动计划只有时间，比如今天的计划是慢跑 30 分钟，可能会越跑越慢，因为想的是只要跑够这么长时间就好。

这些我都体验过，这是人的常态化的心理。

这时如果有一块心率手表，问题就解决了。跑步时让心率保持在合适的区间，再加上以时间或距离为基准的运动计划，就能保证合理的运动强度和良好的运动效果。

1977 年，第一块心率手表出现——芬兰越野滑雪国家队的教练想使选手的训练科学化，研发出历史上第一个无限传输的心率装置。1982 年，第一块通过胸带传感器搜集运动信息的心率手表出现。1983 年以后，用心率监控来控制运动强度的方式被广泛运用到世界各项耐力训练中。

只有了解自己的实时心率，才能合理评估自己的运动强度，不然可能越运动身体状态越差。这个道理不仅为专业的运动者所知，也被很多普通的运动爱好者所认可。

我的一位好朋友是奥美的数据分析总监，叫王泽蕴。她之前没做过任何运动，为了让身体更健康，她选择了现在流行的拳击私教训练。每次训练完都瘫在家里不能动，需要两天才能恢复。她渐渐地感觉越来越疲劳，而不是精力越来越充沛。

看到这种情况，我让她戴着心率手表，分别检测平时和运动时的心率。我发现她平时的心跳就比普通人快一些，可能是因为之前不做运动，还经常熬夜，导致心肺功能比较差。

果然如我所料，她在进行拳击训练的时候，心率手表一直报警，说明她的心率已经达到最大值区间，运动强度过高。拳击教练看到这个数据也吓了一跳，不敢再给她增加运动强度，只能相应地降低了强度。

运动强度降低后，王泽蕴说虽然打拳的速度和频次慢了，但是依然可以达到发汗的效果。之前训练时总会眼冒金星，有种"黑屏"的感觉，强度降低后，这种感觉就消失了。最重要的是运动后第二天，身体不再疲惫不堪，精力也越来越充沛。

所以在制订运动方案时，首先要确定适合自己的运动强度。而这个运动舒适区域的确认不能依靠自己的主观感知，心率手表的精准数据才能有效帮助你解决这个问题。

最后提个建议，想要准确测量心率，可以选择佩戴心率手表或心率手环。

有了测量心率的设备，还需要了解两个数值，这样才能为以后的计算区间作准备。

第一个数值是最大心率。网上最常见的计算公式是（220- 年龄）次 / 分，用这种方法计算得出的是平均值，忽略了个体之间的差异性。

我们也可以用心率手表自己进行测验。

比如在操场上或跑步机上跑出自己的最大心率——热身后，跑 3 次全力跑的 800 米，每次之间休息 3 分钟，然后查看手表记录的最高心率值。还有一种用跑步机测试的方法——热身后以自己平时的跑步速度跑步，每两分钟把坡度提升 1%，重复这个过程。直到无法继续时，坚持跑完最后的 30 秒，结束后手表记录的最高心率值就是自己的最大心率。

第二个数值是静态心率，这也是个关键的指标。选一个睡眠充足的早晨，起床后站起来静止 1 分钟，这 1 分钟内的心跳就是你跑步时的静态心率。

很多人看到这里可能不太理解，为什么是站着测试，一般都认为应该是躺着或坐着测试。躺着、坐着、站着三种姿势下测试的静态心率是有差异的，我们应该选择和平时运动时相同的姿势来进行测试。

躺着测试的静态心率比站着测试的低 10% 左右，游泳运动员可以选择躺着测试，因为这是他们游泳时的常态；坐着测试的静态心率比站着测试的低 4% 左右，自行车运动员可以选择坐着测试，和骑车时的惯用姿势相同。经常跑步的人则应选择站着测试静态心率。

通过心率数值不仅能制定合理的运动强度，还能了解身体的疲劳指数。

人有时候是身心分离的，很难客观地评价自己的实际状态。人在疲劳时也是如此，有时连自己也很难说清楚疲劳的程度。

比如中国台湾的跑步教练徐国峰老师说，他因为咳嗽得特别厉害去医院看病，做完检查后医生说："从你现在拍的片子来看，肺部因为发炎已经呈现白色，你应该是躺着被送到医院来，竟然自己走着来了。"实际上，徐国峰老师在前一天还跑了 5km，也没有觉得身体有问题。这就是自己的体感和身体的实际情况出现了偏差。尤其是经常运动的人，由于耐力训练让意志力和忍耐力变得强大，身体的不适感往往就被忽略了。

徐国峰老师还提起过一个玩铁人三项的朋友。从数据指标来看，这位朋友由于那段时间运动量过大，身体已经处于极度疲劳的状态。但是他说数据不准确，自己一点感觉都没有。结果第二天，这位参加铁人三项的朋友发现自己尿血，去医院检查诊断为横纹肌溶解，就是过度疲劳导致的肌肉溶解。

所以当我们很难精确评价自己的身体情况时，就需要一些仪器的参数指标来做参照。

一个简单的方法就是知道自己的静态心率后，每天早上起床时看一下心率，如果比正常状态下高 5～10 下，说明前一天的运动量过大，体力尚未完全恢复，或者是昨晚没有睡好，身体没有得到充分的休息。这时就要适当地调整运动量，或增加休息时间。

有一个关于心率的假说：每个人一生的心跳数是固定的，用完就代表走到生命的尽头了。

接受合理强度的有氧训练后，静态心率就会越来越低，因为心脏的肌肉变得强而有力，单次射血的力量增强，心脏里面的空间变大，血流量也变得更多。所以，有氧训练后心跳一次的总量就会比之前高很多，静息心率也会降低。

2015 年，有个心量实验室的调查结论显示，普通中国人的日平均心率是 75，而马拉松运动员的平时心率是 42 左右，每分钟相差 30 多下。我曾设想过，运动员在运动时心跳会加快，如果综合平时和运动时的心率，平均值是不是和普通人的日常心率差不多？不过通过计算发现，即便马拉松运动员减去每天运动时多出的心率，依然比正常人少 6000 多次，也就是说平均每 10 年就可以多活 210 多天。

说完运动员，我们来说说普通人。普通人通过锻炼心率也可能降低到每分钟 50 次左右，这样就能节省心跳。

每分钟心跳 50 次左右的马拉松业余爱好者，即使每天的运动时间不多，算下来每多训练 10 年，也能节省心跳 700 天，相当于多活 700 天。

当然，上述只是由假说而得的推论。不过，科学合理的运动确实会增强心脏的功能，增加精力和减少患心血管疾病的概率，而这些都是使人精力充沛、健康长寿的重要指标。

不是每个人都适合跑步

如果目标是改善精力状态，在选择运动方式时应该首先选择跑步这种方式吗？跑步的优势和弊端都有哪些呢？

在 Discovery 探索频道《绝对好奇》这部纪录片中，我们可以看到在进化过程中猿类摒弃爬行习惯，开始慢慢行走。在没有发明弓箭和陷阱的时候，原始人打猎就靠和鹿等哺乳动物比耐力，直到这些动物跑不动了，才有机会把猎物杀死取食。因为人类的排汗系统比其他带皮毛的动物更优良，所以人类可以长时间跑步。可见在几百万年前，跑步是人类必备的生存技能。即便是现在，跑步相对于其他运动来说，确实是最方便的一种运动，对场地也没什么特别要求。

进入 21 世纪以来，人类的饮食越来越丰富，但久坐的时间越来越长。很多人的体重越来越重，跑起来身体的负担也越来越大。想象一下，一个身高170cm、站在体重秤上显示90kg的男生，随着他在体重秤上原地跑起来，秤上的数字也在不断变化。双脚腾空时没有重量，单脚落下的重量超过90kg，随着脚抬起得越高，落地时显示的数字越大。如果他是以百米冲刺的速度跑，单脚落下时秤上的数字最大是3倍于自己的体重，即270kg，也就是说一条腿就要在瞬间承受270kg。

如果一个人体重基数过大，而本身肌肉不足，腿部根本难以支撑这么大的重量，更何况跑步时两条腿不断交替地承受着这样的重力。

所以不建议体重基数大的人把跑步当作首选的运动方式。

那比起跑步，更适宜这类人的运动方式是什么呢？

跑步机上坡走或者是走路才是最安全有效的方式。这样的走路方式可以增加脂肪的消耗，同时使身体的心肺功能循序渐进地提高，为以后的跑步训练作准备。当男生的体脂率低于26%，女生的低于32%的时候，也就是体脂秤显示体脂率不在肥胖区间的时候，可以考虑慢跑的运动方式。否则就相当于背着杠铃片在跑步，腿部和脚部的关节会因为负重太大而极易受伤。

体重超标的人群除了选择适合自己的运动方式，还要制定合理的运动强度，再配合科学饮食，才能达到减少体重的目的。那么合适的运动强度是多少呢？就是在运动时刚好有一点气息急促的感觉。这里可以参照心率水平来控制你的运动强度。我们可以用卡氏公式［(220-年龄-晨脉)×(35%～55%)+晨脉］计算出运动心率区间，也就是运动时应该保持的心率水平。

比方说，你今年 35 岁，身体状况一般，早上醒来时的心率是 75，按照卡氏公式计算出你的运动心率区间是 114～135。由此可以看出，运动心率主要和年龄、早晨醒来时的心率有关。你可以按照卡氏公式计算一下自己的运动心率区间。

当了解了自己的运动心率区间之后，你就会发现，不是每个人都需要跑步，尤其是心肺功能不太强的人。跑步时，一抬腿一落腿的瞬间，人体承受的压力增大，心率也会随之升高，已经超出了合适的运动心率范围。另外，跑步时会出现双脚腾空的情况，如果腿部的肌肉力量不足或者体重基数过大，膝盖承受的压力也会很大。

所以，心肺功能比较弱的人，可以找到适合自己的运动心率区间，先从走路开始训练。当走了一段时间之后，会发现心肺功能得到了提升，早上起床的时候，心率可能从 75 变成了 70。这时，再计算一次运动心率区间，稍微提高一下自己的运动强度。

走路是一门科学

那正确的走路方式是什么呢？

我比较推荐在跑步机上进行有坡度的走路，因为跑步机的速度是固定的，所以在跑步机上走坡更容易控制心率区间；走路时腿部没有腾空的动作，膝盖承受的压力也减小了很多。如果你的体重基数比较大，走坡这个运动方法会更适合你。不论是在跑步机上还是在室外走路，都要注意以下几个要点。

第一个要点：走路的时候要加大摆臂的幅度，让手臂前后侧的肌肉都能得到锻炼，让身体更多的肌肉群参与到走路的动作中，增加身体的整体消耗。

第二个要点：走路时要保持肚脐一直向前，有助于髋关节即骨盆周围肌肉的稳定。有些人走路时臀部左右摆动的幅度比较大，时间久了易造成髋关节损伤，而这一点只要在走路时保持肚脐向前就能得到改善。

第三个要点：腹部始终保持收紧状态，有助于保证身体的稳定，也会加强腹部的锻炼效果。

第四个要点：始终保持脚尖向前。在走路过程中，人体要重复几千次甚至几万次的迈步动作，如果脚尖方向有问题，比如严重外八字或内八字，也会引起膝关节和踝关节损伤。所以，走路时要时刻注意脚尖向前。

第五个要点：大步走，幅度一定要大，这种走路姿势对腹部和臀部的线条美化都有帮助。我们会发现在上坡走的时候，臀部受力很明显，会让臀部越来越紧翘。而小步走的时候小腿参与很多，步子越大小腿的负担越小，为了防止小腿越来越粗，一定要大步走。

第六个要点：走路期间保持足量的水分摄入，最好每 10 分钟就能补充 1 次水分。

走路的训练不需要天天做。心肺训练最好是一天运动一天恢复，比如第一天训练，第二天慢走或休息，这样的运动计划比较合理，能够使身体始终保持良好的循环状态。

你当柔韧,更有力量

不少人觉得跑步只需要跑起来就行,不需要热身。而事实上岔气、肌肉酸痛、膝盖受伤……都是因为在跑步之前没有做好热身。

那正确的跑前热身顺序是什么?

正确的热身顺序是:泡沫轴放松—动态伸展—跑步—静态伸展。

其实不只是跑步,其他类型的运动比如篮球、足球等,也要按照这样的顺序进行热身。

第1步,用泡沫轴放松肌肉。

把用泡沫轴放松安排在热身的第一步,和我们在运动中经常发生的一个现象有关,就是抽筋。原来我们一直认为抽筋是因为体内的矿物质、钙质不足,可是我发现即便在补充了足量的矿物质和钙以后,依旧会抽筋,在长距离跑步时也会出现抽筋的情况。如果在跑马拉松时发生抽筋会直接影响到跑步成绩，因为抽筋的时候，你只能停下来做拉伸直至恢复，恢复后再跑的时候也无法正常用力，一用力就会再次抽筋。所以对参加马拉松的人来说，预防抽筋的发生非常重要。

那么到底是什么原因造成的抽筋呢？

我们的肌肉是由肌纤维组成的，形状细长。如果姿势和动作长期不当，有些肌纤维长期处于紧张状态，肌纤维就会缩短并形成结节。我们通常可以在肩胛骨周围、大腿外侧、小腿等位置摸到这样的结节。这些已经缩短并发展成结节的肌肉在长时间工作发力时就有可能抽筋。拉伸对解决这些结节并没有帮助，试想一下从两端拉扯一条打了结的绳子，越拉扯结节只会越紧。

所以解决这个结节最好的方法是放松，可以用泡沫轴放松的方式，也可以由按摩师帮助完成。我更推荐泡沫轴放松的方式，因为在运动前放松是非常重要的一个环节，而且自己就能操作。只要用泡沫轴在有结节的位置上滚动，轻微的压力就能让肌纤维从缩短的状态恢复到正常状态。

记住，在有结节的位置上滚动时一定要轻轻地滚动，产生轻微的疼痛感即可。有很多人不知道泡沫轴的正确使用方法，在健身房用泡沫轴放松时"鬼哭狼嚎"，放松的效果也不好。前段时间，一位按摩师和我聊起一件事：有一位客人因为爬山导致的腿疼来按摩，通常情况下处于疲劳状态的肌肉在按摩时会引起很强的疼痛感。那位客人却说没事，越用力越好。他认为按摩师越用力他花的钱就越值。于是，这位客人一边喊疼，一边让按摩师继续用力。可是强烈的疼痛使肌肉全都绷起来了，应该放松的肌肉收缩得更紧了，按摩师也根本用不上力。这简直是花钱买罪受，不但疼痛难忍，而且没有得到想要的放松效果。

在运动之前进行泡沫轴放松的效果更好，不只是减少了发生抽筋的可能性，还可以保证肌肉的正确发力，减少受伤的概率。你会发现，现在的NBA运动员或者一些其他运动项目的高水平运动员都会在比赛前用泡沫轴放松肌肉。

充分放松肌肉之后，再做第二个热身动作，就是动态伸展。

第2步，身体柔韧性训练。

无论选择走路还是跑步的运动方式，身体都需要具备良好的柔韧性，但很多人没有意识到这一点。

我们的关节、肌肉、韧带和肌腱都是对运动非常重要的部位，它们的柔韧性和各种运动动作的完成息息相关。

比如，很多人认为肩关节的柔韧性跟走路或者跑步没有任何关系，其实这个认知是错误的。我们跑步摆臂的时候，一条腿向前迈出，同侧的手臂就会自然向后摆动，这个摆臂的动作可以把腿部的力量分散，然后再迈出下一条腿。如果肩关节的柔韧性不好，向后摆臂的幅度不够大，这种情况下向前迈腿的力量没有完全被抵消，就需要借助肩膀向后的动作来分散掉剩余的力量，这就会影响到跑步的速度。我们可以分别尝试一下摆臂走路和双手放在口袋里走路的效果，就能体会到其中的差别了。

我之前对身体的柔韧性训练也不太重视。在篮球队的时候，我把自己动作的不流畅、不灵活都归结为身高的问题，再不然就是因为自己不适合打篮球。但是，我发现很多和我一样高的外国运动员打篮球时动作特别灵活，我才知道并不是我不适合打篮球，而是训练方式不正确。再后来学习了解剖学和生理学方面的知识，明白了只要去适当地强化身体的柔韧性，就可以有效地改善灵活度的问题。

一些上了年纪的人总会说他们的骨头酸痛，实际上说的就是关节问题。大部分人都认为关节一动起来"嘎吱嘎吱"地响是上了年纪的关系，殊不知是关节没有得到正确的柔韧性训练引起的。经常进行柔韧性训练，可以扩大关节的活动范围，有利于提高身体的灵活性和协调性。

另外，在运动过程中肌肉的表现能力不仅是由肌肉的力量决定的，肌肉的放松能力也同样重要。身体柔韧性的作用是什么？是让肌肉保持弹性，使肌肉在完全伸展的时候还能保持放松状态。优秀的跑者只有在触地的一瞬间腿部肌肉才发力，其他的时间腿部是放松的，这样才能节省能量，进行长时间或者长距离的跑步。但普通人一抬腿、一后摆，每个动作都在发力，结果就是越跑越累。

那如何提高我们身体的柔韧性呢？可以从动态伸展和静态伸展两个方面来训练。

我们先来说说动态伸展。

动态伸展是最好的热身方式，它有助于活动到身体的每一处关节、肌肉、韧带。以前的动态伸展通常采用慢跑的方法，可能跑完一圈后心率才达到90次/分钟左右，并没有让全身的关节充分地活动开。那怎样做才正确呢？

走路或跑步前的动态伸展和健身前的动态伸展并不完全相同。走路或跑步前的动态伸展需要从脚踝开始，一直活动到手指、肩膀，整个过程大概需要10分钟。动态伸展完成后，心率达到110次/分钟，就可以结束热身，开始跑步。

静态伸展是在运动之后进行。静态伸展可以进一步拉伸关节、肌肉、韧带，提高身体整体的柔韧性。为什么需要大量的静态伸展动作把全身的肌肉、关节拉伸开呢？举个例子，很多人站着的时候，很难双手够到自己的脚尖，这时能感觉到大腿后侧的肌肉比较紧张，其实这个动作不只是与大腿后侧的肌肉有关，如果身体前侧的肌肉，即大腿内侧和腹部连接的髂腰肌得到放松，对这个动作也有很大的帮助。

这是为什么呢？我们站着或者躺着的时候，髂腰肌处于放松状态。当我们坐下来的时候，上身和大腿形成一个90度直角，这时的髂腰肌是持续收紧的状态，如果髂腰肌长时间收紧，就会影响到双手摸脚尖这个动作。我们只需要让髂腰肌放松，双手就会离脚尖更近一步，甚至可以摸到地面。平时按照下图中的动作锻炼，就能使髂腰肌不断得到拉伸而处于放松状态。

静态伸展是一整套的伸展动作，做静态伸展时要在每个姿势上停留90秒，每次呼气时慢慢地将身体向远处尽力拉伸，这样才能保证效果的最大化，让肌肉、韧带、关节得到彻底的放松。要持续不断地坚持做，坚持两周后，就能感受到身体的变化。渐渐地，跑步动作会越来越轻松，越来越流畅。可见，静态拉伸是能否长久跑下去的非常关键的一环。

柔韧性和热身对于所有运动都是至关重要的。前两天，我的一名学员没做热身就开始打高尔夫球，没有热身加上姿势不对，挥杆这个动作的力量到了腰部就停止了，没有从腿部转移出去，结果一下子就引起了腰椎骨折，必须卧床休息一个半月，连翻身都做不到。所以一定要注意提高自己身体的柔韧性，并注意做一些运动前的热身活动。

扫描二维码观看详细视频解说，跟我一起做跑前热身和柔韧性训练。

轻松跑步第 1 步：找到 4 个基准点

有一次，我参加在中国人民大学举办的跑步培训，一位 50 岁左右的男老师问："这间教室正在进行什么培训？"我的同学回答说是跑步培训，这位老师很诧异："跑步还用培训，这个不是每个人都会的吗？"

相信大部分人都和上面这位老师的想法一样，觉得跑步很简单，不用学习。但事实上呢？前文我们谈到心肺功能不佳者易发生的运动风险时提到过，不了解身体情况，上来就跑步的后果有这些：第一，运动猝死；第二，免疫力低下；第三，躯体伤病。

所以，我们需要学习跑步，更需要制订科学的跑步方案。

如果你对跑步感兴趣，你可能会买一大堆和跑步相关的书籍自学，在这些书中你会看到各种各样的跑步方案：有的说应晨跑 5km，有的说应晨跑 30 分钟，还有的说跑起来就可以；有的说 1 周至少应跑 100km，有的说

1周应跑150km才够,还有的说做间歇跑,不需要长距离……面对这么多的跑步方案,可能你最后仍然不知道该选择哪一个。

前几年,我选择了自认为靠谱的跑步方案并按照计划开始执行。可我发现如果跑步方案是5km,我就会越跑越快,因为我认为只要跑完5km,今天的任务就完成了,当然是越早完成越好。如果跑步方案是30分钟,我就跑得很慢也跑不远,因为我认为只要熬到30分钟就行,不必在乎速度和距离。应该按照什么速度来跑;跑完后应该觉得轻松,还是疲累;跑步对我来说有没有效果,如何分辨,怎么优化改进……对于这些问题,我完全没有头绪,只是跟着自己的主观意识在走。我意识到应该制订一份科学有效的跑步方案。

怎么制订一份科学的跑步方案?

首先,我们需要知道几个指标:

体脂率(跑步训练的启动指标)

最大摄氧量(确定跑步舒适区间的指标)

心率(制定跑步强度的指标)

疲劳指数(调整跑步强度的指标)

第一,体脂率。

体脂率指标是指体内的脂肪占体重总数的百分比。比如说,男性的体脂率高于26%就属于肥胖,在14%左右腹部就有肌肉。女性的体脂率高于

32%属于肥胖，在23%左右就能看到肌肉线条。体脂率能让你清晰地了解到自己的身体情况。否则，即使看到自己的肚子上有肉，也搞不清楚自己是胖还是偏胖。就像很多人不做体检时都觉得身体很好，拿到体检报告才知道身体的真实情况。实际上，在体检前和体检后的这几天，身体并没有发生什么变化。指标也有相同的作用，人们总是在看到指标的具体数据后才会改变。最简单的测量体脂率的方法是用体脂秤测量。体脂秤是靠微电流通过全身，利用水分导电、脂肪不导电的原理，根据最终电流的通过速度分辨出脂肪和肌肉的含量，按照公式得出最终的体脂率结果。但是，这种测量方法受身体水分含量的影响比较大，比如喝一大杯水后再用体脂秤测量，结果可能就显示体脂率降低了。所以用这种方法测量体脂率，最好选择在同一个时间，比如每天早上起床后测量。

体脂率可以用作开始跑步训练的参考指标。当男生的体脂率低于26%、女生的低于32%的时候，也就是体脂秤显示体脂率不在肥胖区间的时候，可以考虑慢跑的运动方式。

第二，最大摄氧量。

前面我们介绍过，最大摄氧量（VO_2max）是衡量人体心肺功能的量化指标。实际上，测试最大摄氧量不仅能测试出心肺系统的功能，还能测试出肌肉线粒体的功能。肌肉线粒体是进行有氧呼吸的主要场所，身体的氧化反应是在肌肉线粒体中完成的，它的数量决定着人体可以消耗能量的多少。我们会在后文详细说明肌肉线粒体的功能。

简单来说，最大摄氧量就是你在运动中获取氧气的最大能力，这个指标越高，代表你的心肺功能和肌肉线粒体的功能越好。那么，对于一个正常成年人来说，最大摄氧量达到多少才算合格呢？一般来说，男性达到40ml/kg·min，女性达到36ml/kg·min，才算是及格，及格线以下都是比较危险的。

最大摄氧量的世界纪录保持者是挪威的奥斯卡·斯文森（Oskar Svendsen），他在18岁时创下了惊人的97.5ml/kg·min的纪录。世界知名环法自行车赛冠军兰斯·阿姆斯特朗（Lance Armstrong）的最大摄氧量，也只达到84ml/kg·min，而大多数马拉松爱好者的最大摄氧量为50～60ml/kg·min。最大摄氧量的高低，在一定程度上受遗传因素的影响，像前文提到的徐小平老师的父亲90多岁时身体状况仍然很好，徐老师的心脏指标也不错。但是，后天训练对最大摄氧量的改变也很有帮助。

第三，心率。

我们说过，训练方案如果只有时间或距离的标准，无法保持运动的合理强度。这时需要加入心率指标，让心率保持在合适的区间，再加上时间或距离的标准，就能保证合理的运动强度和良好的运动效果。

心率测试的具体测量方法前面已经说过了，这里再重复一下。

测量所需的第一个数值是最大心率，网上最常见的公式是（220-年龄）次/分，也可以自己用心率手表实际测试。

需要的第二个数值是静态心率，测量方法是起床后站起来静止1分钟，这1分钟内的心跳就是你跑步时的静态心率。

心率手表和心率手环都可以用来测量心率。曾经有人问我关于心率带和光电心率表的区别，在这里我说明一下。心率带是用来直接测量心脏的跳动次数，而光电心率表是以手腕的血流量来推估心脏的跳动次数。当心率提升时，手腕的血流量会在几秒之后才有相应变化，数据会有延迟。所以，想要得到更精准及时的数据，建议选择用传统的心率带测试心率，因为它精准且反应速度快。但是心率带在佩戴时不够方便，体感差一些，尤其是天气比较凉的时候。光电心率表的反应会有些许延迟，准确性稍微低一点，不过现在的光电心率表已经可以选配心率带了。另外，心率手环的价格相对不高，也可以做参考。

第四，疲劳指数。

疲劳指数也可以通过心率手表来了解。

一个简单的方法就是知道自己的静态心率后，每天早上起床时看一下心率，如果比正常状态下高 5~10 下，说明前一天运动量过大，体力尚未完全恢复或者没有休息好，要适当地调整运动量或增加休息时间。之前说过的奥美的王泽蕴老师，平时的心率就高一些，有一次熬夜到很晚没有休息好，早上只做了起身开门这个动作，心率就上升到 130 次 / 分钟，她当时就吓坏了，赶紧先放下手中的事，乖乖补觉去了。

轻松跑步第 2 步:把目标改成提高最大摄氧量

明确了制订跑步方案的四个指标后,我们还需要设定跑步的目标。

如果是为了改善健康状态、保持精力充沛,我们可以把目标设定为提高最大摄氧量。

这里再强调一下,最大摄氧量与心肺能力和肌肉线粒体能力的关系非常密切。

心肺能力我在前面讲过了,它的重要性很容易理解。为什么要特别强调肌肉线粒体能力呢?细胞中的线粒体是产生能量的工厂,糖分、脂肪、蛋白质等进入细胞之后,究竟能够转化为多少能量,是由线粒体决定的。那如何转化呢?肌肉线粒体利用氧气把食物中的营养素转化为 ATP(腺嘌呤核苷三磷酸,简称三磷酸腺苷),而 ATP 就是人体内最直接的能量来源。

所以肌肉线粒体能力对人体至关重要。

线粒体是产生能量的工厂

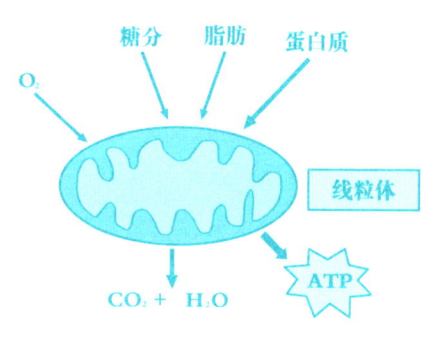

糖分　脂肪　蛋白质

O_2

线粒体

$CO_2 + H_2O$　ATP

本图选自林纯一的《粒线体·神秘》

那么如何提高自己的最大摄氧量呢？

如果从高强度运动开始训练，最大摄氧量可以在短时间内得到提升，但肌肉线粒体的能力并不会得到提升。所以在这种情况下，最大摄氧量上升得快，下降得也快。

如果从慢跑这种中低强度运动开始训练，虽然心肺功能没有得到锻炼，但肌肉线粒体的能力得到了提升，所以最大摄氧量也会增加。当你慢跑一段时间后，最大摄氧量的数值不再变化时，说明你已经具备了一定的有氧能力基础，可以适当地增加运动强度。一般训练1年左右，最大摄氧量就能达到峰值，之后的运动以保持这个峰值为目标即可。科学合理的运动确实会增强你的心脏功能，增加精力和减少患心血管疾病的概率，这些都是长寿的重要指标。

如果目标是参加比赛、突破自我，就必须进行高强度的间歇训练。你必须在训练中把自己的用氧能力发挥到极限，这是对意志力的一种挑战。要注意的是当最大摄氧量达到上限时，并不意味着你的运动速度也达到了上限，还可以通过改善动作来提高运动效率；而接受过常年的严谨和规律训练的跑者，还可以通过提高身体使用氧气的效率来实现比赛成绩的进步。

轻松跑步第 3 步：在 6 个强度分区间循序渐进

当我们测量出最大心率和静态心率，我们就可以设置我们的跑步强度分区了。在《丹尼尔斯经典跑步训练法》(*Daniels' Running Formula*)一书中详细说明了跑步的强度区间，这本书的作者是杰克·丹尼尔斯（Jack Daniels），曾被全球权威跑步杂志《跑者世界》(*Runner's World*)誉为世界上最好的跑步教练。他在著作中把心率强度分为 E，M，T，A，I，R 六个强度等级，下面我们来说说每一个强度等级的特点。

强度 1 区：轻松跑（Easy zone，简称"E 强度"），计算公式是（最大心率－静态心率）×（59% ～ 74%）＋静息心率

E 强度等级虽然看起来是速度最慢、强度最"弱"的等级，但事实上，它是很多项身体指标的最佳训练强度。建议初跑者从 E 强度等级开始跑步，

可以避免因长期缺乏运动而受伤；同时可以提高身体的韧性，减少在以后的比赛中或进行较高强度训练时受伤的可能性；长时间坚持 E 强度等级训练可以提升每次心脏输出的血液量，增加心肌的力量，进而降低心率；还可以增加肌肉线粒体和毛细血管的数量，提升人体的最大摄氧量。

强度 2 区：马拉松配速跑（Marathon zone，简称"M 强度"），计算公式是（最大心率−静态心率）×（74%～84%）+静息心率

M 强度是指跑步者在跑全程马拉松时的平均配速。也就是说，M 强度是模拟马拉松比赛的强度，让跑者熟悉马拉松的配速，提升掌握配速的能力。M 强度的训练效果和 E 强度类似，只是速度稍快，强度提升了一个等级，它主要是借由模拟比赛强度提高跑者的信心，同时可以强化与跑步相关的肌群，提高跑步者的有氧耐力。

强度 3 区：乳酸阈值强度（Threshold zone，简称"T 强度"），计算公式是（最大心率−静态心率）×（84%～88%）+静息心率

喜欢跑步或者力量训练的人大概都听过"乳酸"这个词，乳酸是人体代谢时生成的产物，运动时人体生成的乳酸数量会增加，同时排出乳酸的速度也会提高，从而保持出入平衡。当跑步者以 E 或 M 强度跑步时，身体产生的乳酸比较少，不会在身体里累积。

当运动强度达到一定程度，人体排出乳酸的速度跟不上生成的速度时，乳酸会大量堆积，浓度迅速提升，而这个超出平衡点到达超负荷范围的临界点值就是乳酸阈值。

当跑步速度高于 M 强度时，肌肉中的乳酸浓度会快速提升。充满乳酸的肌肉无法正常收缩，为了保持运动能力，必须加快身体的血液循环，促进乳酸的转运和代谢。这就是"排乳酸"。

T 强度训练的首要目的就是增强身体排乳酸的能力，不断提高乳酸阈值，让跑者在 T 强度下的速度（被称为"临界速度"，简称"T 配速"）维持更长的时间。

相比 E 强度和 M 强度训练来说，T 强度训练会稍微艰苦一点，以提升跑者的耐力为训练目标。

世界级的跑者在 T 配速下也最多只能坚持 60 分钟，如果你能以 T 配速跑 60 分钟以上，说明你的 T 配速强度偏低，需要适当增加。

强度 4 区：无氧耐力区间（Anaerobic zone，简称"A 强度"），计算公式是（最大心率 − 静态心率）×（88% ～ 95%）+ 静息心率

T 强度训练的目的是不断提高乳酸阈值，使乳酸产生的量刚好等同于排出的量。当跑者以更高等级的 A 强度训练时，这个乳酸阈值很快就被超过了，导致乳酸快速产生，又不能被快速排出，大量累积在体内，所以，A 强度的训练可以提高身体的耐乳酸能力。此外，由于跑者在 A 强度等级训练的时间更多，对提升身体有氧代谢能力的效果更好。

强度 5 区：最大摄氧强度（Interval zone，简称"I 强度"），计算公式是（最大心率 − 静态心率）×（95% ～ 100%）+ 静息心率

I 强度训练的主要目的是提高跑者的最大摄氧量，让跑者维持更长的运动时间。我在前文中说过，最大摄氧量是一个人有氧运动的极限值，数值

越大，代表着有氧运动能力越强。

I 配速是指在最大摄氧量下跑出的速度。I 强度属于高训练强度，通常来说，一个人在 I 强度下训练时，每次最多维持 10 ～ 12 分钟，因此，I 配速并不适合长距离的比赛。

I 强度训练通常采用间歇式的训练方式。比如 3 ～ 5 分钟一个训练回合，每次保证相同的训练强度，这种训练方式可以延长跑者在此强度区间的总的训练时间。

I 强度训练是 6 个强度中最艰苦的训练，也是锻炼跑者意志力的最好的方式。经过这一阶段的训练后，跑者的有氧运动能力、耐力都会得到明显的提升。

强度 6 区： 爆发力训练区（Repetition zone，简称"R 强度"）

I 强度训练已经达到了有氧运动的极限，作为更高等级的 R 强度训练就必然属于无氧运动了。这时，人体要从无氧系统中寻求更多的能量支持。无氧系统提供能量的效率比有氧系统高很多，所以跑者可以用更高的配速跑步。

进行 R 强度训练时不需要考虑心率，训练的主要目的是提高无氧运动能力、跑步速度和跑步效率，可以通过刺激肌肉的神经反射、缩短脚掌与地面的接触时间、加快步频达到提升跑步效率的目的。

R 强度训练因为训练时间很短，训练时反而不会觉得太痛苦。同时，R 强度间歇训练可以和 E/M 强度训练穿插搭配，起到互补的作用。E/M 强度训练有很多好处，比如减少受伤概率、增加心肌力量、提高最大摄氧量，但是如果一直保持 E/M 强度的训练，会引起肌肉伸缩速度变慢的可能。建议 E/M 强度完成之后，增加几次短距离的 R 强度间歇训练，有利于提升运动效率。

轻松跑步第 4 步：定好周期，4 个月后就能跑半马

2017 年的诺贝尔生理学或医学奖授予生物钟（昼夜节律）研究领域的三位美国科学家：杰弗里·霍尔（Jeffrey C. Hall）、迈克尔·罗斯巴什（Michael Rosbash）、迈克尔·杨（Michael W. Young），原因是他们发现了世界上的第一个生物钟——基因。这个生物钟掌控着我们每天的生活节奏：什么时候安然入睡，什么时候精神饱满地醒来。这些规律和生活的方方面面都有密切关系，可以被用来调控很多生理和行为过程。由此可见，遵守规律是多么重要。而运动的周期化也是受"规律"这个概念启发而来的。

如果一个迎接马拉松比赛的选手要接受赛前训练，该如何制定他的训练周期？是今天 5km、明天 6km，一直不断地累积，到马拉松比赛时达到

训练量的最高值吗?

这样做肯定是不对的。这样的训练周期是在累积疲劳,会让体能越来越差。

重大比赛前的一两周,并不是运动员加大训练的冲刺阶段,而是放松调整、储备能量的阶段。学生在考试前也是如此,让大脑得到充分的休息和放松,在关键时候才能把存储的海量知识关联发酵、有效提取。如果考试前一直复习,大脑始终保持高度的紧张状态,在考试时反而可能因过度疲劳而发挥不好。

所以对一个跑步初学者来说,周期化就是科学安排每个阶段的训练目标。

运动科学家发现:人体在同一个运动强度的适应期是四到六周,之后需调整运动强度,提供新的刺激,运动能力才会不断进步。

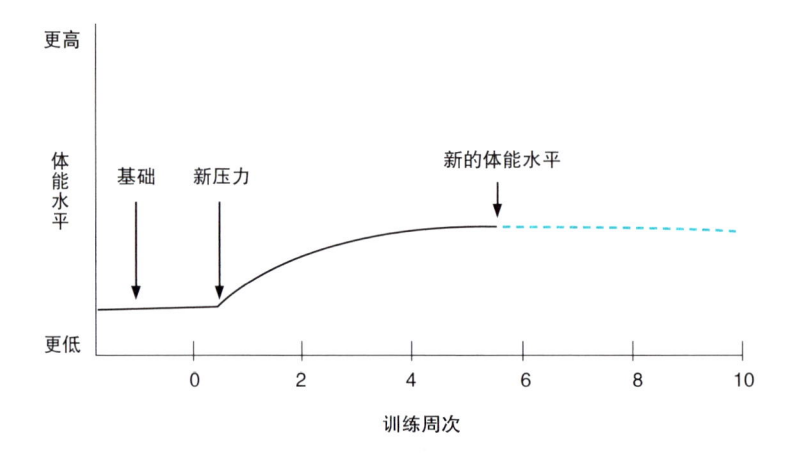

本图选自杰克·丹尼尔斯《丹尼尔斯经典跑步训练法》

我们来看上面这张图，可以参照这张图为跑步初学者制定为期 4 个月的训练周期。

第一个月的任务是给自己的有氧系统打牢基础，第二个月是针对自己的弱项加以强化，第三个月是把自己的能力全面推向巅峰，在比赛的前两个月开始恢复调整以迎接比赛。

运动强度是规律性递增的，刺激—适应—变强。如果跑步初学者的目的是打好有氧系统基础、4 个月可以跑完半马，那么 16 周的训练就要分为 5 周基础期、3 周进阶期、4 周巅峰期和 4 周竞赛期。

对于初学者来说，重点是 E 强度的跑步或者走路训练。开始训练时，跑步 5 分钟、走路 1 分钟的循环是最安全又稳妥的方式。

当有了一定的基础、可以完成半马时，就可以考虑在 5 个小时以内完成全马的新计划了。这个计划就是新的刺激—新的适应—新的体能领域变强，延续了之前的训练周期。

特别提醒，巅峰期是整个周期中训练量最大的周期，也是身体免疫力最低、最容易生病的周期，要更注意休息与恢复。

而最后的 4 周竞赛期要适度减少运动量，使比赛当天的身心状况达到最佳水平。

姿势对了,效能翻倍

如果跑步姿势不对,不但影响跑步的速度,还会导致受伤。那跑步姿势有哪些常见的误区呢?

第1种是过度跨步。

过度跨步是在跑步时最容易出现的错误姿势。所谓过度跨步就是在跑步的时候,脚部落地的位置位于膝盖的前方而不是臀部的下方。过度跨步时,受伤的位置一般都发生在膝盖,因为膝盖是大腿和小腿的接合处。过度跨步会形成剪应力,久而久之就会导致膝盖受伤。

什么是剪应力?打个比方,我们用锤子砸钉子的时候,如果钉子始终是垂直的,就不会产生剪应力。如果钉子是倾斜的,通常锤子一砸下去,钉子就被砸弯了。跑步时脚部的落地点在臀部的下方,就像垂直砸钉子的情形,不会产生剪应力。跑步时过度跨步,脚部的落地点在臀部的前方甚至在膝盖的前方，弯曲的腿部就像倾斜的钉子，这个角度就导致了剪应力的产生。向前跨得越远，产生的剪应力越大。剪应力会造成膝盖的不当滑动，时间长了可能会引起膝盖疼痛，最终导致膝盖受伤。

如果你无法确认自己跑步时的姿势正确与否，可以让朋友用慢动作模式拍下你跑步时的姿势，通过分析视频，很容易分辨出自己的落脚点是否正确。如果跑步姿势不正确，要及时改正，避免对膝盖造成持续的损伤。

第 2 种是后脚跟先落地。

在说这种跑步姿势误区之前，我先提一个问题：跑步的时候前脚掌落地和脚后跟落地，哪一种落地的方法更省力？可以先自己思考一下，再对照我说的答案看对不对。

哈佛大学进化生物学教授丹尼尔·利柏曼（Daniel E.Lieberman）博士做过相关的研究，结论是跑步时脚后跟落地比较省力。因为脚后跟落地时，冲击力被脚跟腱、踝关节、小腿骨、膝关节、大腿骨、髋关节分散了，身体肌肉承担的力量比较小。所以，跑步时脚后跟落地的方式让你感觉跑起来并不费力。

其他运动也是如此，比如瑜伽中俯卧撑的预备姿势。做俯卧撑时如果肘关节微微弯曲，支撑的力量被分散到了肌肉部位，就会觉得有些费力。如果肘关节伸得很直，甚至处于"锁死"的状态，支撑的力量被分担到骨骼，骨骼提供了部分支撑力，就会觉得很轻松。

但是这里存在一个问题，相信是大部分人没有意识到的：我们的肌肉可以通过不断地训练变得强壮，可以提供越来越多的力量支持；骨骼和关节却不能越练越壮，它们只会在长年累月的使用中磨损、消耗。

跑步落地时对关节和骨骼的压力是俯卧撑准备姿势的好几倍，而且每一步前进都会造成新的压力。所以，跑步时首先要学会正确的姿势，才能减少关节、骨骼的耗损，才能长久地跑下去。

我们从以下三个方面来分析跑步时的正确姿势。

首先来看跑步时的落地方式。如果跑步时是前脚掌落地，脚跟腱和小腿肌肉可以协助减缓落地之后的冲击力。虽然跑起来比较费力，跑完后肌肉酸疼，但是这种落地方式可以减少对骨骼和关节的伤害，综合来看是利大于弊。

当然，不是所有人都要选择前脚掌落地的跑步姿势。对于跑步初学者来说，因为身体的下肢力量不足，可以先采用后脚跟落地的姿势，同时进行一些肌肉力量训练，大概在半年之后就可以转换到前脚掌落地的姿势了。

总结一下前脚掌落地这种跑步姿势的关键点：虽然跑步时比较费力，但是它能降低关节和骨骼的压力；要提高小腿肌肉和跟腱的力量，让它们协同缓冲落地时的冲击力；跑步时不要出现过度跨步的情况，避免形成剪应力导致膝盖受伤。

其次，跑步时膝盖要保持一定的弯曲度，这样才能在脚部落地的时候利用肌肉来缓解冲击力。如果膝盖是直的，那脚部落地时的冲击力又落到了骨骼和关节上。

最后要提高步频的速度。步频,就是两脚落地交替的速度。双脚离地的时间越长,落地时造成的冲击力越大,所以步频越快,落地时造成的冲击力也就越小。

那跑步时步频维持在什么速度合适呢?大概 180 次 / 分钟即可。很多人不知道如何查看自己跑步时的步频速度,可以在跑步时佩戴心率表,其手机端可以自动显示步频速度,在跑步过程中尽量让步频保持在 180 次 / 分钟这个数值左右。

我们还要说一下后脚蹬地的动作。想要知道一个人的长跑成绩好不好,就看他的小腿肌肉形状。日本 NHK 的纪录片《最强马拉松军团》讲述了日本马拉松选手和肯尼亚马拉松选手的区别。日本选手的大腿和小腿肌肉都很结实,看起来比其他国家的选手更有力量,可是马拉松成绩并不理想。成绩比较好的马拉松选手的小腿细长且肌肉紧实。

小腿肌肉粗大,可能是跑步时过多地使用小腿发力造成的,尤其是在后脚蹬地的时候。我们认为跑步时后脚蹬地是一个加速的动作,可事实上后脚蹬地也是一个"刹车"的动作。举个例子,磁悬浮列车之所以速度快,正是因为摩擦力小,可见摩擦力的大小直接决定了速度的快慢。如果跑步时用力蹬地,就会加大摩擦力,使得脚后跟停留在地面的时间变长,相当于踩了刹车后再启动,速度自然就慢下来了。所以跑步时尽量不要用脚后跟蹬地。

用重力跑步

跑步时如果不用脚后跟蹬地，怎么往前跑呢？原来我也认为必须用脚后跟蹬地，后来通过不断的学习，才发现跑步时确实不需要用脚后跟蹬地，这个动作对提高跑步的速度没有帮助。

这就引出了一个问题：跑步时到底应该使用哪个部位发力，究竟是什么力量促使我往前跑？要回答这个问题，首先要学会使用重力，那么正确的跑步姿势又可以分解为两个问题——身体的重心放在哪里？身体的平衡如何保持？

跑步是靠哪里发力？有人认为是靠脚部蹬地发力，有人认为是靠核心部位发力。

我们不妨做个试验，保持身体完全站直，用脚部蹬地，结果发生了什么？脚后跟虽然离开了地面，身体却没有向前移动。那会不会是因为现在的姿势和跑步时腿部一前一后的姿势不同造成的呢？我们改为弓箭步站立，一条腿在前，一条腿在后，依然保持上身挺直，这时候再用脚部蹬地，发现身体还是没有向前移动。如果用核心发力，发现腹部收得再紧，身体也没有向前移动。

这时，我们需要换个角度来思考：可能这个促使我们向前跑的力量并不是来自我们自身，这个力量应该和苹果掉下来砸到牛顿头上的力一样，是重力。我们试试把重心前移，当身体前倾到一定角度时，我们不得不向前迈腿。如果前倾的角度过大，就会产生加速度，控制不好的话，这个加速度可能会使你摔倒在地上，而且摔倒的速度特别快，以至于身边的人都反应不过来，可见前倾引起的加速度是非常快的。

经过科学家实验发现：人体前倾角度的极限是22.5度，超过这个角度就会摔倒。如果我们能够应用好这个角度，就可以提高跑步速度。奥运会百米冠军尤塞恩·博尔特（Usain Bolt）在跑步时的前倾角度是21.4度，这个数字与人体前倾的极限角度比较接近，也就是说他很好地利用了前倾角度来提高自己的跑步速度。再加上身高的优势，重力引起的加速度就更大了。

我们认识到重力是让我们跑起来的力量后，你只要把重心往前移，身体前倾，就可以跑起来了。但如果不知道这个概念，不了解跑步时重心应该放在哪里，很多人的跑步动作就出现了问题。比如突发紧急情况时，你要快速地冲出去，一定是尽快改为重心向前，然后跑出去。但是，很多老年人下意识的动作是先向下蹲，再往前跑或往前走，我经常在电视上或现实中看到老年人身上存在这种现象，越着急时向下蹲的动作越明显，这实际上是减缓了跑出去的速度。

当我们用正确的方式跑起来时，是不需要用脚部蹬地的。我们在上一节说过，蹬地的动作会增加摩擦力，和踩刹车的效果一样。所以跑步时，腿部的肌肉不要用来发力，只需要用来支撑身体。

"用重力跑步"这个概念出自尼可拉斯·罗曼诺夫（Nicholas Romanov）博士的《跑步，该怎么跑》（*Pose Method of Running*）。此外，罗曼诺夫博士还有一个更重要的观点，他提出移动的过程不是主要靠肌肉发力，而是遵循着重力—质量—支撑—体重—肌肉做功—支撑转换—移动这样的流程，听起来有些复杂，但这是运动的核心理念。

重力 ➡ 质量 ➡ 支撑 ➡ 体重 ➡ 肌肉做功 ➡ 支撑转换 ➡ 移动

我们拿最简单的动作来说明，比如我想从椅子上站立起来这个动作。按照以前的思维，我认为是上身不动，只依靠双脚发力站起来的。可事实是如果上身保持不动，双腿如何发力也站不起来。那我们能在椅子上坐着的原因就是因为有重力和质量，我能够坐在椅子上，是因为臀部、腿部的肌肉在支撑我的体重完成坐着的这个动作。如果我要站起来，身体前侧的肌肉就会收紧，身体前倾把重心调整到腿上，这个环节就是支撑转换和移动；腿部支撑起身体的重量，再继续慢慢调整重心；支撑体重，最后完成了从坐着到站起这个动作。这个和我们之前认为的肌肉越大越有力的理论完全不同，在罗曼诺夫博士的理论中，肌肉更多的作用是支持体重和支撑转换。

当我学会这个重新看待运动的观点后，我才知道怎么骑单车更高效。

我之前骑共享单车的时候，因为我比普通人高很多，车子对我来说太小了，骑起来很费劲，尤其是大腿前侧特别酸，我以为这是身高和车型不匹配造成的。当了解了博士的观点后，我去查看了环法自行车赛的视频，发现自行车运动员比赛时不断地左右移动自行车车把，可以明显看到自行车车把的移动轨迹。也就是说，他们不仅是用腿部向下发力，同时也在靠改变重心发力。把交换重心的压力和腿部向下的蹬力合在一起，力量就大了很多。有资料显示，现在自行车运动员的大腿围度比50年前自行车运动员的大腿围度细了两圈，说明现在的自行车运动员的大腿肌肉减少了，但是，通过改变发力的动作使得整体效率比以前更高了。所以，后来骑共享单车时，我改为靠重心的偏移发力，一下子就轻松了很多，大腿前侧也不酸痛了，骑的速度更快了。

其实这个理论不仅在运动中可以应用，在生活中同样可以用到。我老妈之前得了"网球肘"，在拧毛巾的时候总觉得前臂肌肉疼。我仔细观察后发现，她在拧毛巾时肘关节不动，只靠两个手腕发力，造成手腕承担了过多的压力。如果用改变重心的方法，用脚部、腰部、肩部、肘部和手腕一起用力，动作有些像太极拳的发力方式——全身发力，在拧毛巾时就会变得很轻松，关节的负担也变小了。

我通过和一位按摩师朋友聊天才知道，原来好的按摩师在给客人做按摩时，也是把全身能借用的重量聚集在手指上。如果按摩师不懂这个道理，只用手指的力量按摩，估计把手指按断了也不会获得好的效果。

越擅长跑步，肌肉越柔软

为了跑步时姿势正确，首先要确定自己的前倾角度是否科学。怎样才能知道跑步时前倾角度的大小呢？可以用视频记录下来，更精确的数值需要借助 Coach's Eye 这类 App 软件。根据由这些方法得出的结果，去改善调整。

也可以找朋友帮忙，通过下面的两个练习来改善前倾角度。

练习一，原地跑步。朋友把手掌放在你身前 10cm 处的位置，跟着她手掌的移动慢跑，持续一段时间后，朋友把手掌移开，你继续向前跑，这时你会发现身体前倾角度的改变，并且是前脚掌落地的姿势。尽力体会这种感受，并形成动作记忆（见下图）。

跟随身前 10cm 处的手掌慢跑,形成动作记忆。

练习二,前倾感受练习。两个人面对面站立,A 完全站直向前倒,B 扶住 A 的肩膀,倾斜度为 40 度左右时,B 推回 A 成直立姿势。反复 10 次,第 10 次的时候,倾斜度为 40 度时 B 松手,A 向前跑起来。这个练习的目的也是体会并习惯前倾的感受(见下图)。

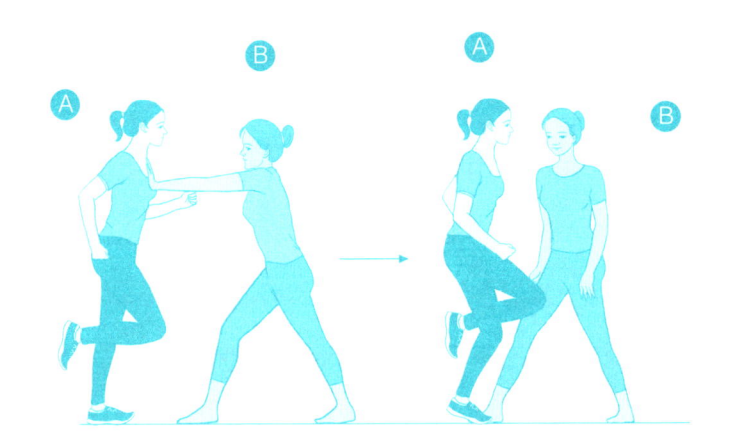

B 在 A 前倾 40 度时将其推回，反复练习 10 次后 B 松手，A 向前跑起来。

另外，跑步的力量训练对于形成正确的跑步姿势也很重要，就像之前说的，前脚掌落地的跑步姿势需要更多的肌肉力量去分担，要有足够的肌肉支撑才能保证跑步姿势的正确。但是跑步的力量训练和健身的力量训练是不同的。

我们拿身边善于奔跑的动物举例子，例如家里的猫或狗都是能跑也爱跑，一到操场的绿地里就飞奔，我们根本追不上。如果你仔细观察就会发现，为了保持身体平衡，它们的后腿无法完全伸直。你再摸摸它们的大腿肌肉，可能和我们想象的有所不同，我们总以为越擅长跑步的肌肉越坚硬，可是它们大腿上的肌肉却非常柔软。

这和我们过去获取的信息可能不一致，以前总是说，有岩石般坚硬的肌肉是拥有力量的象征，但事实并非如此。如果肌肉没有弹性，像石头般坚硬，那跑起来身体的负担会很重，而且肌肉过于僵硬导致无法有效地活动，也会影响跑步的速度。事实上，在跑步的时候肌肉越有弹性和柔韧性，跑步的效率越高，还能减少受伤的概率。

再观察一下小猫、小狗的爪子，有几个软垫，跑起来也不会发生"脚后跟"撞击地面的情况。动物进化成了用脚掌跑步，效率更高，而且在肌肉有弹性的情况下，步频也会更快。

那什么样的训练能让肌肉更有弹性和柔韧性呢？贝科吉（Bekoji）是埃塞俄比亚的一个小村子，出了十几位长跑金牌获得者。其中德拉鲁·图鲁（Derartu Tulu）夺得了 1992 年巴塞罗那奥运会 10000 米的金牌，法图玛·罗巴（Fatuma Roba）获得了 1996 年亚特兰大奥运会的马拉松冠军，塔里库·贝克勒（Tariku Bekele）赢得了 2008 年世界室内锦标赛 3000 米的金牌，而根泽贝·迪巴巴（Genzebe Dibaba）在 21 岁时已经获得了世界室内 1500 米的冠军。

有部纪录片 *Running in Bekoji Warm up-the Ethiopian way March 2016* 专门记录了当地人的训练生活，他们会随着节奏单脚跳、双脚跳，甚至还有类似于跳绳的动作。正是这些跳跃动作让他们的肌肉柔软而有弹性。

由此可见，跑步的力量训练的目的是让肌肉更有弹性和柔韧性，为了达到这样的目的，训练方式中必须包括弹跳训练。

此外，跑步时保持身体不左右晃动也很重要。所以，平时需要进行核心训练，包括腹部、臀部的训练，以增加身体的稳定性。可参照下图进行训练，这些训练可以在健身房完成。

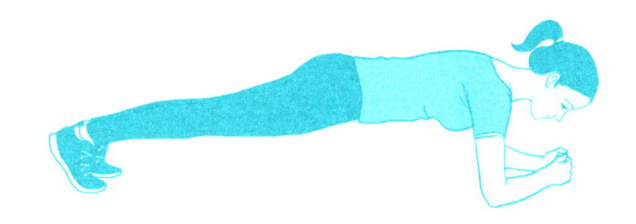

Chapter 02
精力运动——20% 的精准投入，80% 的能量产出

平板支撑标准版

平板支撑进阶版

耐力提升诀窍：从燃糖模式切换到燃脂模式

说到耐力问题，我们马上就能想到马拉松选手，很多马拉松选手在跑马拉松全程时从头到尾都是轻松淡然的表情，但是，普通人往往跑几千米就出现咬牙切齿、想努力坚持却又坚持不下去的痛苦表情，我们总是会说这是体能不同引起的。但事实上，这不仅仅是因为体能，还因为普通人和优秀马拉松选手动用的能量来源不同，也就是提供能量的"燃料"不同，这才是关键。

我们的体内有三种提供能量的物质：糖分、蛋白质和脂肪。在正常情况下，蛋白质的使用并不多，可以忽略不计。主要是糖分和脂肪在为我们提供能量。我们身体里储存的糖分只有400g左右，可以支撑跑20km左右的能量消耗。而我们身体里含有大量的脂肪，比如一个体重60kg的人，如果体脂率是 20%，他的脂肪含量就是 12kg。12kg 脂肪提供的能量足够跑 1542km，相当于从北京到长沙的距离。由此可见，靠消耗糖分提供能量的人是跑不远的，而且其耐力会比较差。

之前曾有一个实验，找了 61 个实验对象，测试这些人在平静状态下的能量消耗来源，发现差异非常大。其中大多数人平时会消耗糖类和脂肪；有一位消耗了很少的脂肪和 75% 的糖分；还有两位消耗了 100% 的脂肪，这两位就是所谓的"燃脂机"，属于睡觉时都在燃脂的"天生的瘦子"。

所以，能更多地利用脂肪来提供能量不仅可以提升运动耐力，还是保持好身材的关键。幸运的是这个能力是可以训练出来的。

怎么训练呢？就是要经常慢速跑即前文提到过的 E 强度运动和 M 强度运动，才会达到这样的效果。如果直接做高强度的间歇训练，反而没有明显的效果。

这又是为什么？

首先，决定每个人能量消耗的是糖分还是脂肪的最关键的因素是运动强度。只有进行低强度的运动时，人体以脂肪消耗为主，更多的低强度有氧运动会增加肌肉中的脂肪分解酶。在进行高强度运动时，人体消耗的是身体里的糖分，同时也会增加肌肉中的糖分分解酶。所以高强度的运动会消耗更多的卡路里，但是燃脂率并不高。

还有一种说法是在高强度运动之后，身体消耗得更多。有个专业概念叫 EPOC（过量氧耗），EPOC 会随着运动能力的增加越来越少，也就是说运动水平越高的人，身体恢复得越快，EPOC 越少。因此高强度运动的燃脂效果并不好。

其次，肌肉通过长时间低强度的有氧训练，会产生更多的用作脂肪燃烧的耐力型肌肉。人体的肌肉分为红肌和白肌。其中，红肌血管丰富，持久性强，但是爆发力弱，主要用于长时间中低强度有氧运动的能量代谢。比如鸽子的翅膀属于红肌，所以鸽子可以长时间地在空中飞翔。白肌的特点是爆发力强，但是耐力差，主要用于高强度无氧运动的能量消耗。比如公鸡的翅膀就是白肌，所以只能扑棱两下，飞不起来。这是两种不同类型的肌肉。

白肌中有一种 2A 型白肌，可以转化成红肌。打个比方：红肌工作了一个半小时后体力不支了，寻求白肌的帮助，于是就有一部分 2A 型白肌渐渐变成了红肌。这种人的耐力会越来越好，燃烧脂肪的能力也会越来越强。所以，训练时先从有氧基础 E 强度或 M 强度开始，这一点非常重要。打好耐力基础，才会有好的持续运动能力。

有人问跑步时如何呼吸，其实这个问题的答案并不是固定的。罗曼诺夫博士的调查是没有特定的标准的，但是，结果显示 70% 左右的优秀耐力运动员是两步吸两步呼的模式。你可以尝试这种呼吸方法，但也不必一定据此改变。有意识地去调整呼吸，看一下哪种呼吸方式更适合你自己。

说到呼吸，有一个很有趣的问题，就是当跑步的强度或者其他运动方式的强度太高时，会喘不上气来，只能大口大口地呼吸。绝大多数人都认为这是体内缺氧的表现，但事实上，这时体内的氧气是充足的，并不存在缺氧的情况，反而是因为体内二氧化碳的浓度过高，需要大口吐气把二氧化碳吐出去。

很多人在跑步的时候都会遇到岔气的问题。从字面上看起来，岔气应该和呼吸相关，其实岔气的学名叫作"膈肌痉挛"，是肌肉的问题。膈肌就是位于我们胸腔和腹腔之间、负责呼吸的肌肉。岔气就是膈肌引起的问题，往往发生在没有进行充分热身就开始运动的情况下。所以，在运动之前一定要做好热身和动态伸展。如果不做热身，跑步时心率是缓慢上升的，这是因为身体血液都储存在你的内脏中，只有经过充分的热身活动，血液才会从内脏流入四肢。

此外，还有一件有趣的事情，我们人类的呼吸是非常特殊的。我们可以选择两步一呼吸，也可以是三步一呼吸，但其他动物无法选择。比如小猫、小狗的呼吸方式只能是一步一呼吸，之所以有这样的区别，是因为膈肌压力的不同。人类是站立行走，膈肌不会受到冲击。动物是四肢着地行走，每跑一步膈肌都会受到前后的压力，只能是一种呼吸方式。所以，我们人类的呼吸模式是独特的、形式是不固定的。可以根据你的习惯和身体的实际状况选择呼吸形式。

欲善其事，先利其器
——选对跑步装备

制订好科学的跑步方案，在正式跑步之前，还需要配备正确的跑步装备。

我们就以冬季跑步为例，来说说在选择跑步装备时应该考虑哪些问题。如果是在其他季节跑步，就按照天气情况和具体需求减少衣服即可。

第1步，上装选择。

冬天跑步要考虑的是怎么穿得既保暖又排汗。

上装内层衣服"速干、排汗功能良好"，选择标准的重要程度顺序依次为：速干材质、面料厚度、产品科技特点。

首先，要保证衣服的材质是可以速干的。速干面料的原理是：内层吸汗，外层扩散蒸发。这样的设计可以保证跑步时的汗液及时经由衣物面料蒸发至体外。如果没有速干衣在最内层及时排汗，跑步时出的汗就会捂在身体和衣服之间的空隙里。时间一长，不仅会引起跑步时的不适，跑步结束后，汗液极速吸热蒸发，身体温度骤降，还容易导致着凉感冒。

其次，要根据自己的情况选择面料厚度，比如内部抓绒的速干长袖或者羊毛材质的速干长袖。最后，可以结合最新的科技挑选产品。

中层衣服"保暖"，如果你在跑步前进行了充分的热身，即使是在深冬，长袖T恤外加跑步马甲，也能满足跑步时的保暖需求。选择跑步马甲有三个重点：轻质、保暖、透气。

冬季跑步是一件考验我们意志力的事情，尤其是寒冬季节，室外温度的骤然降低让很多喜欢跑步的人不得不放弃。如果有一件足够保暖的跑步马甲可以锁住体温，我们就能舒适地跑下去。

但保暖不是跑步马甲的唯一选择标准，它还应该兼具"轻质"的特点。如果穿着厚重的羽绒马甲进行长距离的慢跑，虽然保暖性不错，但过于沉重会增加身体的负担。因此，选购跑步马甲时，保暖性和轻质性缺一不可。

此外，跑步马甲还要有良好的透气性，可以促进汗液的快速蒸发，避免身体过于潮湿，降低冬季跑步身体温度频繁变化带来的不适感。

外层衣物"防水、防风"。最外层的衣物用以应对天气的不断变化，因此，我们可以根据运动场合、运动状态、体感温度，决定穿上或脱掉外层衣物。比如，一件跑步马甲不能满足保温需求时，可以在马甲外面穿一件防水防风的跑步外套。这样的外套保证我们在雨雪、大风天气也能舒适自如地跑步。

外层衣物的选择标准有以下四点。

1. 防风防雨面料;

2. 外层有反光涂层,可以让我们在光线昏暗时跑步更安全;

3. 后背、腋下有专门的散热透气设计,可以防止闷汗;

4. 袖口有专门的调节设计,可以稳固衣袖,起到保暖作用。

第2步,下装选择。

跑步时,下装内层应选择紧身裤,选择时可从三个方向考虑:材质、剪裁、反光面料。总体来说,质量好的紧身裤弹力更大、面料更薄、剪裁更合体、反光面料的使用超过50%。简言之,基本上是越贵的质量越好。有一些冬季的跑步紧身裤内部有抓绒,也可以选择这种紧身裤,保暖效果更好。

外层是宽松的运动裤,也是为了在热身和训练前后保温,防止着凉。一般在热身结束后需要脱下外层运动裤,再开始正式跑步。如果温度特别低仍然想坚持跑步时,可以选择训练用的保暖裤。你可以购买一条速干型训练保暖裤,穿在内层的跑步紧身裤里面。如果不想额外花钱,也可以直接穿两条跑步紧身裤,同样可以起到很好的保暖效果。

第3步,鞋子选择。

大部分人都知道跑步需要配备专门的跑步鞋,却不知道正确的选择标准有哪些。买了双价格不菲的跑鞋,穿着它跑起来非常舒适,但跑了一段时间后出现了膝盖疼痛的现象,这是怎么回事?这可能是生产厂家对鞋跟处重点做了避震处理引起的。这种处理方式让我们在跑步时即便采用脚后跟落地的姿势也感觉不到疼痛，带来的负面作用就是"鼓励"我们一直在使用错误的姿势跑步。所以我们知道膝盖疼是因为跑步姿势不正确引起的，却很少会考虑到可能是跑鞋导致了跑步姿势不正确。那如何选择一双正确合适的跑鞋呢？

首先，需要选平底的跑鞋，也就是前脚掌和后脚跟之间零落差，穿这样的平底跑鞋跑步时，采用的是人体自然的落地方式：从跖球部过渡到脚掌再到脚后跟。

其次，跑鞋要轻盈。如果鞋子比较重，会延缓跑步过程中后面那只脚往臀部方向收的过程，这个动作被拖慢，就会影响到落地姿势或者跨步姿势，进而引起受伤。那些有强缓冲避震效果的加了厚底的鞋子，一般会比较重，对跑步并无好处。

另外，要选择适合自己尺码的跑鞋。如果鞋子过小，跑步时脚指头挤在一起不能放松，就会磨出又疼又痒的水疱，甚至出现莫名其妙的拇指外翻的状况；如果鞋子过大，脚指头可能会偏离正常范围，跑起来反而不方便。鞋头的设计应符合脚趾的自然排布方向，给予每一根脚趾足够的空间，让脚趾充分放松且可灵活发力的同时又不会偏离活动范围。充分利用脚趾的运动本能给脚部和腿部的运动提供支持，这样的跑鞋会极大地降低水疱、脚拇指外翻、耻骨痛等让人心烦的伤痛概率，提升跑步的稳定性。

总结一下，一双正确的跑鞋应该是这样的：平底、分量轻、鞋跟不厚、鞋头保持适当的宽度、穿上后脚趾有充分但不过分的活动空间。

对于有扁平足的跑步者来说，一般应选择控制型跑鞋，就是能给予脚部一定的支撑保护的跑鞋。但这种跑鞋的重量一般会重一些。

而对于初跑者或者老年人来说，可以先选择有缓冲效果的厚底鞋，等慢慢适应之后再更换为跑步者常用的跑鞋。

这里还要提一下冬季跑步最不可或缺的配件——手套。手和脚位于人体的远心端，跑步时双手基本处于半握拳姿势，长时间没有活动更容易被冻伤。因此，一副合适的跑步手套对于跑步者来说很重要。目前市面上的跑步手套主要有三种：薄款、厚款、防风防雨反光涂层款。具体选择哪一款可以根据跑步的时间和温度来决定。

运动管理清单

1. 什么是精力系统中的运动管理?

运动管理的本质诉求是获取充足的精力,在高强度工作中游刃有余,在工作之外还有精力享受生活。

心肺功能是保证精力充沛的第一要素,跟身体状态以及寿命之间呈正相关关系,所以心肺功能的训练是运动的首要任务。

本质诉求
应对高强度工作,享受生活

首要任务
心肺功能训练,保证精力充沛的第一要素

本质诉求

2. 什么是正确的运动顺序？

正确的运动顺序对于所有运动都是至关重要的，不仅可以让运动的效果最大化，还可以减少受伤的概率。尤其是热身和柔韧性训练，和各种运动动作的完成息息相关，是必不可少的环节。正确的运动顺序是：泡沫轴放松—动态伸展—运动—静态伸展。

正确的运动顺序

- 第一步：泡沫轴放松，在有结节的位置上轻轻地滚动
- 第二步：动态伸展，有助于活动到身体的每一处关节、肌肉、韧带
- 第三步：选择适合自己的运动方式，搭配合理的运动强度
- 第四步：静态伸展，将身体尽力拉伸，保证各个部位得到彻底的放松

3. 如何选择正确的跑步装备？

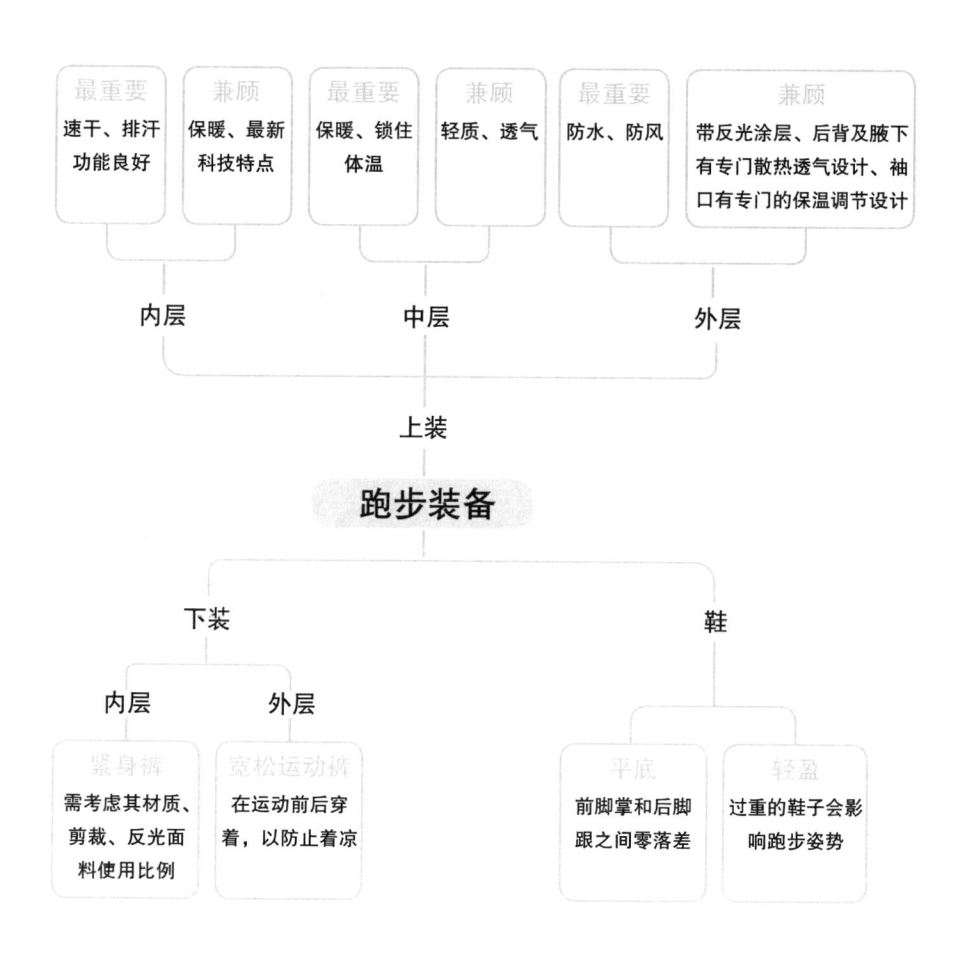

跑步装备

上装

- **内层**
  - 最重要：速干、排汗功能良好
  - 兼顾：保暖、最新科技特点
- **中层**
  - 最重要：保暖、锁住体温
  - 兼顾：轻质、透气
- **外层**
  - 最重要：防水、防风
  - 兼顾：带反光涂层、后背及腋下有专门散热透气设计、袖口有专门的保温调节设计

下装

- **内层**
  - 紧身裤：需考虑其材质、剪裁、反光面料使用比例
- **外层**
  - 宽松运动裤：在运动前后穿着，以防止着凉

鞋

- **平底**：前脚掌和后脚跟之间零落差
- **轻盈**：过重的鞋子会影响跑步姿势

错误的饮食方案

让你体重增加、疲惫不堪

正确的饮食方案

让你变美变瘦、精力充沛

Chapter 03

精力饮食
——吃对了，抗衰老、不疲惫

每天 8000 米，为啥还是跑不掉"游泳圈"？

很多人在跟随手机运动软件中的课程训练后，发现精神状态变好了一些，关节灵活了一些，但是体重却没什么变化。甚至很多在健身房坚持运动了一段时间的人，也出现了同样的问题。这样看起来，运动似乎对于体重的改变并没有明显的效果。

比如说我老妈，60 岁以后养成了晨跑的习惯。只要空气好、不下雨，在田径场上一跑就是 20 圈，运动距离足有 8000 米。这个习惯已经坚持了 5 年，心肺能力确实增强了很多。前两年，我打算和老妈一起跑步，没想到跑到第 12 圈的时候，她已经整整领先了我一圈。老妈这身体状态真是令人羡慕。但是，说到身材，老妈的腹部依然有一个明显的"游泳圈"。

原因是她每天跑步的运动强度并不低，身体里的糖分消耗得非常多，引起强烈的饥饿感，需要吃东西及时补充体力。老妈特别喜欢吃零食，什么雪饼、巧克力、瓜子等，家里的桌子上堆成了小山，每次跑完后都会随手抓起零食就吃。

每天跑步 50 分钟到 1 个小时，最多可消耗 400 多卡路里。这 400 多卡路里相当于 3 把瓜子或 10 个雪饼或 1 袋奥利奥的热量。如果每天跑步的时间为半个小时，那消耗的卡路里也就相当于一小罐可乐的热量。

从控制体重的角度来说，为了喝一罐可乐要跑半个小时，真是喝不下去。如果想喝 1.2L 可乐，大约要连续跑步 2 个多小时。如果再加上一包薯片、一包奥利奥和一块巧克力，为了消耗同等的卡路里，估计早上出门晨跑，晚上才能回家。

然后第二天为了再吃，还得接着跑……

这样用跑来消耗吃的热量，实在是太不划算了。一个关注健康饮食的俄罗斯网站"Fit Talerz"推出过一组照片，主题就是"要跑多远才能消化这些食物"。下面表格中就是满足一天的基本热量需求后，多吃的种种食物所消耗的距离。

食物	消耗对应的距离
玉米一根	2.38km
（麦当劳）吉士汉堡一个	4.05km
薯条一份	5.97km
苹果一个	0.89km
巧克力蛋糕一块	6.94km

食物	消耗对应的距离
费列罗巧克力 2 颗	2.21km
士力架一条	3.66km
乐事薯片一包	10.47km
喜力啤酒一瓶	2.88km
霜糖花生一包	3.6km
速溶咖啡一杯	0.42km
可乐一罐	1.87km

如果在吃这些食物的时候想到要跑的距离，估计就能管住嘴了。

从人类的诞生之日到二三十年前，食物并没有像今天如此丰盛，大多数时间我们都是能量不足的。这些能量如此珍贵，身体怎么会舍得浪费。

2017 年 2 月，《科学美国人》（*Scientific American*）刊登的在 2008 年芝加哥洛约拉大学的研究实验就证明了这一点。

他们把芝加哥的非洲裔女性和尼日利亚的农村妇女，以及世界各地的 98 份样本进行了比较。结果发现，享受着现代生活便利的城市人和发展中国家每天从事重体力劳动的农民消耗的能量是相同的。

为了研究个体差异，他们还做了进一步的实验，要求 300 多名测试者佩戴类似小米手环的一种计步器，用来记录他们每天的运动量和能量消耗的关系。在这 300 多名测试者中，既包括非常活跃、运动量很大的人，也包括中度活跃、运动量一般的人，以及每天只进行少量运动或从不运动的懒人。结果从平均值来看，每天坐在沙发上看电视的懒人和进行适量运动的人相比，能量消耗的差异并不明显，适量运动的人只比懒人多消耗了200卡路里，也就是一杯牛奶的热量。

这些实验证明，运动和能量消耗之间并没有直接关系。

美国芝加哥大学医学院的研究人员，通过对大量有关减肥与运动的研究报告的整理分析，发现运动是保持体重的有效方法，但不能减少体重。大多数人都低估了消耗卡路里所必需的运动量。根据他们的研究，要减少1kg脂肪需要燃烧8000卡路里，相当于跑130km消耗的能量。

这显然不是普通人可以做到的。而且大部分人在运动之后都有寻求补偿的心理，一些看起来卡路里不高的能量补充，不经意间就能填补之前运动所消耗的热量。

可见，运动并不是控制体重的最有效的方法，控制饮食才是最重要的。体重减少，心血管压力也随之变小，整个人变得轻松，精力才更充沛。就像在发动机规格相同的情况下，汽车的总重量越轻，开起来就越容易。

既然饮食和体重的关系如此密切，那么我们到底应该吃什么、怎么吃呢？

断食 7 天，脂肪也减不掉 1 公斤

总有人觉得瘦身就是少吃几顿饭，更极端的是有人问我，辟谷这种几天不吃饭的方法对于减肥有没有帮助？

日本有位男性把自己当作试验品，进行了一次断食试验，即 7 天内只喝水，不吃任何东西。试验开始前，他的体重是 64kg，7 天结束后体重是 56.35kg，整整减少了 7.65kg。从照片中可以看出，腹部和肋骨的变化非常明显，毋庸置疑是变瘦了。

但具体的测试结果很打脸，减少的 7.65kg 里只有不到 1kg 的脂肪。看到这个数据，估计很多人都产生了怀疑。脂肪真的只有这么少？那减少的其他的 6.65kg 是什么呢？别着急，我们一个一个来分析。

在正常进食的情况下，我们体内的肝脏和肌肉里会储存充足的糖分。断食时，由于没有食物提供的糖分，身体就会优先消耗体内存储的糖分。

人体内储存糖分的方式是把糖和水混合在一起，1g 糖需要混合 3g 水。

同样，消耗的时候也是每消耗 1g 糖就要排出 3g 水。

普通人的体内大约存有 400g 糖分。在断食的第一天，身体会把这部分糖分全部消耗完，同时排出大约 1200g 水分，糖和水加起来一共大约 1.6kg，这就是减少的体重数。

所以，我们发现断食的第一天减重最多，最有效。这也是很多人认为不吃主食、不吃糖就会瘦得快的原因。

断食第二天，人体内的糖分已经消耗完，大部分人会认为应该开始消耗脂肪了。但事实上，消耗最多的不是脂肪，而是宝贵的蛋白质，蛋白质的消耗占第二天总消耗量的 80%。

这是因为人体耗能最多的部分是大脑，而大脑只能依靠葡萄糖来供能。当第一天糖分全部消耗后，为了继续给大脑提供葡萄糖，人体只能从其他地方转化葡萄糖。考虑到脂肪转化成葡萄糖的过程比较复杂，身体就优先选择了简单易行的方式——用蛋白质转化为葡萄糖为大脑供能。

人体每消耗 1g 蛋白质，同步消耗约 0.7g 水分，体重就会减少 1.7g。和消耗 1g 糖可减少 4g 体重比起来，数值减少了 1 倍。

除去 80% 的蛋白质，另外 20% 的脂肪的消耗方式是：人体每消耗 1g 脂肪，排出 0.3g 水分。

所以，断食第二天大约消耗 160g 蛋白质、20g 脂肪和 120g 水分，总计体重减少 300g 左右，体重减少的数值明显下降。

之后的每一天，随着身体里的蛋白质越来越少，蛋白质的消耗量逐渐减少，脂肪的消耗量越来越多。

直到第七天，身体大约消耗 50g 蛋白质和 50g 脂肪。

所以，为时 7 天的断食减肥，脂肪的总消耗不到 1kg，其他的消耗还有 400g 左右的糖分和 200g 左右的蛋白质。剩下的，全是水分。

也就是说，痛苦煎熬过来的 7 天减掉的大多是水分，还有糖分和宝贵的蛋白质，只减少了不到 1kg 的脂肪。当然，7 天之后脂肪的消耗会越来越多，可是又有几个人能坚持下去，而且长期断食带来的可能更多是免疫力和精力的严重下降。

可见，断食瘦身的方法不可取。

不可否认，最快的瘦身方法肯定是不吃饭加上高强度训练，先不说过程痛苦不痛苦，这种做法本身是有生命危险的。

2016 年，在北京某家健身房，一个女孩在连续几天节食的情况下，又连续上了 2 节私教课。最后倒在地上，抢救无效遗憾离世。

另外，我们应该知道的是，为了保证给大脑和肌肉提供足够的能量，人体里的糖分需要均衡地保持在 400g 左右。挨了一天饿，甩掉 400g 糖分和 1200g 水分，体重减少了 1.6kg，的确很有成就感。可是，第二天一吃饭，甩掉的糖分和水分就补回来了，白白饿了一天。

从以上数据来看，一个人即使一周不吃饭，也就是这样的减肥结果，脂肪减少了不到 1kg。而且人不可能一直坚持断食，在恢复正常饮食后体重会很快反弹。这种得不偿失的方法，是不是可以抛之脑后了？

国际顶尖运动员的巅峰状态饮食法则

为了研究科学且有效的体重管理方式,我曾考虑过,在国家运动员身上或许能找到最佳方案。

大家都知道,运动员是对体重要求非常精准的人群,尤其是参加散打、拳击等分重量级别项目的运动员,赛前对体重的要求特别严苛,毕竟在对抗类项目中,体重越大,力量优势越明显。比如,一个拳击运动员要参加75kg级别的比赛,他和对手的体重都必须保持在69～75kg,如果他的体重正好是75kg,肯定是占据了最大优势。

有了这样的想法后,我和朋友去了国家队食堂,看看顶级运动员们到底在吃什么,怎么吃。

在这里,我发现运动员们统一在自助餐厅进餐,自主选择食物。而控制体重的方案是:第一步,每天测量体重6～8次,时间分别是早上起床、早饭前、早饭后、午饭前、午饭后、晚饭前、晚饭后和睡前。第二步，根据每个时间点的体重变化，分析每一餐对体重产生的影响。第三步，让运动员根据分析结果调整饮食。比如，分析结果是早餐只能吃 2kg 以内的食物才能保证体重合格，运动员就按照这个标准吃早餐，体重肯定不会超标。如果这一餐吃多了，下一餐就少吃一点。

这种方法是依靠收集和分析即时数据来控制体重偏差。

当时，我觉得这应该就是最好的饮食管理方案了。

在那之前，食用酵素、节食、轻断食等各种方法我都尝试过，效果呢？吃酵素对减重没有效果，因为酵素到了胃里就被胃液消化了，根本来不及发挥分解脂肪的作用。节食和轻断食更不用说，用这两种方法减重，体重就像蹦极一样，减下去多少，反弹回来多少，没有效果不说，还要体验挨饿的痛苦。而国家队的方案虽然烦琐，但切实有效，而且正常吃饭、无须挨饿，相比之下是不是最好的方案？

可当一位朋友从美国最先进的运动员训练中心回来，告诉我他们的经验后，我才知道，在饮食管理方式上，没有最好，还有更好。

在美国的运动员体能训练中心，每位运动员可以选择 1 名营养师、1 名体能教练和 1 名康复师，1 对 1 服务，由他们针对运动员的状态制订专业性极强的饮食、体能、康复计划。其中，营养师会根据教练的训练计划来设定饮食方案，比如进行高强度训练时，需增加饮食中糖分的比例；进行肌肉训练时，需增加饮食中蛋白质的比例。每一份饮食计划都是针对单个运动员定制，然后严格按照计划提供饮食。

这样一对比，国内运动员的饮食管理是粗放的找补型——运动员在自助餐厅自主选择食物，只要体重不超过设定的重量即可，如果超过了，就限制饮食总量；美国运动员的饮食管理是精细的预判型——根据训练的计划强度和运动员的个体差别，提供个性化配餐，关注点不仅仅是体重，还有体脂率等其他参照系数。

这多少可以解释，为什么姚明等运动员在国内时，肌肉、体重很难得到提升，而到了NBA，肌肉增加了很多，比之前在国内训练时明显壮了一圈。国内根据实时数据，只规定饮食量、不规定饮食种类的方式，会造成营养不均衡。比如，有些运动员偏好的食物中蛋白质比例居多，但糖分不足，这对于需要爆发力和耐力的运动员来说是不可取的。中高强度的运动都是以消耗糖分为主，越是挑战运动员极限的高强度运动，越离不开糖分。糖分不足会导致肌肉缺少力量，从而影响运动能力。

正是这些细节上的差异，让国内运动员在篮球、足球等体力消耗大的运动对抗中处于下风。

也正是这些细节的差异，让很多误以为不吃主食就能有效瘦身的人，最终半途而废。不吃主食，减少糖分摄入，大脑昏昏沉沉，做事没有动力、缺乏幸福感，还怎么谈得上精力充沛？必将事与愿违。

每个人都应该制定适合自己的精力食谱，一顿吃几两饭（糖类）、几两肉（蛋白质类、脂类）、几两蔬菜，才能保证每天都头脑清醒，精力充沛，这就是适合自己的饮食方案。而错误的饮食方案带来的不是幸福感，可能是体重增加或者生命危险。

吃饱和吃对之间隔着一条马里亚纳海沟

饮食是人体的"燃料",我们所选择的食物应该是让身体没有负担的食物,让人食用后感觉轻松、舒服,精力更加充沛。

那选择什么样的饮食能够起到这样的效果呢?

先来回答一个问题:如果我们把自己比作是一台保时捷跑车,我们会选择什么样的汽油加满油箱?我想,你绝对不会选择劣质汽油,否则车一定会出问题。

选择食物也是同样的道理,有充足的精力就必须选择优质的"燃料",选择优质"燃料"之前要首先弄明白,什么样的食物是有杂质的劣质"燃料"?

大家可以回想一下,吃了很多高糖、高油、高热量的垃圾食品,比如薯条、炸鸡、人造奶油蛋糕后,会不会感觉反应变慢了,然后越来越困?

饱瘦训练营中有个学员,刚开始几天体重控制得很好,在周末开放日决定补偿一下自己，中午吃了大量的炸鸡、薯条，吃完以后觉得昏昏沉沉的，就在沙发上睡着了，一直睡到晚饭时间，这一天莫名其妙就结束了。

为什么会这样呢？

这是因为大量的劣质"燃料"进入体内后，消化起来非常吃力，为了消化这些食物，大量的血液集中到胃部工作，大脑就会出现供氧不足。这时不但没有增加精力，反而一动都不想动，很快就能睡着。

所以，这些食物可谓百害而无一利：第一，不但没有补充精力，反而消耗了更多的时间；第二，入睡以后消化系统还在不停地工作，身体没有得到充分的休息；第三，摄入过多，超出基本需要的多余能量储存在身体里成了负担。

大部分高糖、高油、含有多种添加剂的零食类食品都属于劣质"燃料"，会在身体代谢中产生残渣，摄入过多会导致体重越来越高，精力越来越差。

这位学员听了我的讲解后，明白了这些食物不单单是给身体添加了劣质的"燃料"，还影响了整个机体的运作，导致身体像汽车一样"原地抛锚"了，浪费了大量的时间，所以就慢慢远离了这些食物。

那什么样的食物有助于提升我们的精力呢？先来看看人体系统的"使用说明"。

人体和汽车的使用不同，汽车只有一个油箱，把这一个油箱加满汽油就可以工作了。但人体属于"混合动力"型，有三个"油箱"，分别是碳水化合物、蛋白质和脂肪，也就是营养学里说的三大宏观营养素。此外，还有维生素、矿物质等人体必需的微量营养素，可以把这些微量营养物质想象成汽车需要的"润滑油""机油"，对汽车来说也非常重要，但需要的量并不多，所以是微量。

原本我一直希望寻找一种最简单的精力饮食方案，只吃一种食品或者只喝一种饮料就能变瘦或变健康。

查理·芒格也说过："我最反对的是过于自信、过于有把握地认为你清楚你的某次行动是利大于弊的。你要应付的是高度复杂的系统，在其中，任何事物都跟其他一切事物相互影响。"

同理，我们要面对人体这个复杂的系统时，要明白过于简单的方案并不适合它。人体有3个"油箱"，且这3个"油箱"是互相关联的，无论哪一个长期不足都会影响到整个身体系统的正常运转。因此，我们要分别从这3个方面来寻找有助于提升精力的优质"燃料"。

这种食物吃少了不快乐，吃多了不精神

我们先从第一个"燃料箱"——碳水化合物说起。

碳水化合物是我们最容易获取的食物。

想象一下你每次逛超市的场景，大部分货架上都是糖果、饮料、米、面、甜点，食品区几乎有三分之二的区域展示的是碳水化合物含量高的食物，含蛋白质的肉类和含脂肪类的食用油只占了剩余的三分之一。为什么这样摆设呢？因为主食在饥饿时带来的饱腹感、甜品带来的幸福感、水果制造的甜蜜感都来自碳水化合物。如果没有碳水化合物，人生会少了很多乐趣，可见碳水化合物对我们的重要性。

但是，正因为容易获取，很多人存在碳水化合物摄取过量的问题，在获取快乐的同时也给身体造成了负担。

人体每吸收1g糖分（也就是碳水化合物），就会获取4000卡路里热量。

如果摄取的碳水化合物超过身体所需，就会转化成脂肪存在身体里，碳水化合物超量同样会造成脂肪囤积。

那么碳水化合物摄取多少才算适量呢？你可以按照以下三步计算出自己每天所需的碳水化合物：

第一步，计算基础代谢率（Basal Metabolic Rate，简称 BMR）。

女性：BMR = 655 +（9.6 × 体重 kg）+（1.8 × 身高 cm）-（4.7 × 年龄 years）

男性：BMR = 66 +（13.7 × 体重 kg）+（5 × 身高 cm）-（6.8 × 年龄 years）

第二步，计算每天所需总热量。使用 Harris Benedict Formula，将你的 BMR 乘以活动系数（如下）：

几乎不动总需 = BMR × 1.2

稍微运动（每周 1～3 次）总需 = BMR × 1.375

中度运动（每周 3～5 次）总需 = BMR × 1.55

积极运动（每周 6～7 次）总需 = BMR × 1.725

专业运动（2 倍运动量）总需 = BMR × 1.9

第三步，按照三大"燃料"之间的比例，即碳水化合物 55%、蛋白质

15%、脂肪 30%，计算出每天需要摄取多少碳水化合物。

另外，减脂人群的碳水化合物需求量的计算特殊一些，碳水化合物的摄入量要控制得再低一些。24 岁以上、60 岁以下的减脂人群，碳水化合物的需求量可以按照以下公式计算：

碳水化合物摄入量（女性）= 体重 kg × 1.8g

碳水化合物摄入量（男性）= 体重 kg × 2g

这是以不运动为前提的计算方法。如果是运动人群，在运动超过半个小时后需要再补充一片切片面包等，因为运动的目标是消耗脂肪，而不是碳水化合物。所以，运动半个小时后需要补充碳水化合物，这样也不会因为饥饿导致摄入更多的食物。

在长期的教学实践中，我发现用多少克碳水化合物这样的描述很难引起我们的重视，但把碳水化合物的量换用米饭的量，就容易理解和牢记了。

下面就从水果开始，看看我们是怎么把碳水化合物转换成米饭的。

1 瓶果汁 = 6 两米饭

水果也含有碳水化合物，如果水果超量了也会增加体重。

有一次，一个朋友说他今天要减肥，晚上没吃饭，后来太饿了就吃了

6个橙子，结果第二天哭丧着脸跟我说，体重不但没有下降，反而上涨了。我一听，连忙和他说，你区分食物的时候不能用我们日常用的分类法，只看是水果还是肉、是主食还是菜，要学会看营养成分表。

可他说，即使看到了那些数字也不知道和体重有什么关系，一点儿帮助都没有。

这时我突然想到，还是要用日常生活中印象深刻的食物作对比，才方便记忆。那么印象最深刻的是什么？就是米饭。大多数人每天都吃米饭。100g米饭里含有25g碳水化合物，其他任何含有碳水化合物的食物都可以用米饭作为参照物做粗略换算，例如一个苹果相当于多少克米饭，这样就印象深刻了。

那么我们看看常见水果和米饭的对比（如下图）。

100g 苹果 ≈ 50g 米饭	100g 橘子 ≈ 40g 米饭	100g 橙子 ≈ 40g 米饭	100g 桃子 ≈ 40g 米饭	100g 香蕉 ≈ 100g 米饭
一个中等苹果 ≈ 100g 米饭	一个中等橘子 ≈ 60g 米饭	一个中等橙子 ≈ 80g 米饭	一个中等桃子 ≈ 70g 米饭	一根中等香蕉 ≈ 120g 米饭
100g 西瓜 ≈ 20g 米饭	100g 火龙果 ≈ 60g 米饭	100g 杧果 ≈ 30g 米饭	100g 葡萄 ≈ 20g 米饭	100g 榴梿 ≈ 120g 米饭
一个中等西瓜 ≈ 400g 米饭	一个中等火龙果 ≈ 250g 米饭	一个中等杧果 ≈ 100g 米饭	一串葡萄 ≈ 100g 米饭	一瓣榴梿 ≈ 100g 米饭

100g 橙子含碳水化合物 10.5g，100g 米饭含碳水化合物 25g，一比较就知道 100g 橙子大概相当于 40g 米饭。一般一个橙子是 200g 左右，大概就是 80g 米饭。那位一个晚上吃了 6 个橙子的朋友，相当于吃了 480g 米饭，也就是接近 1 斤的米饭。

一般一碗米饭是 200g 即 4 两，6 个橙子就相当于两碗半米饭。体重能不上涨吗？6 个橙子不觉得多，这两碗半米饭摆在面前，看见都觉得饱了。

这样换算是不是就很容易理解碳水化合物的含量了？所以，吃水果也一定要适量，吃多了同样会成为身体的负担。

果汁的问题就更明显了，一个苹果含有的碳水化合物相当于 100g 米饭，我们吃一个苹果要咀嚼几分钟，吃完后会有一定的饱腹感。但如果把苹果榨成果汁，你会发现 3 个苹果榨出的果汁几口就能喝完，喝完后也没有明显的饱腹感，但是 3 个苹果含有的碳水化合物可都吸收进入体内了。那 3 个苹果的碳水化合物含量是多少呢？相当于 300g 即 6 两米饭，这都是让体重飞涨的陷阱。

有人看到这里肯定说，那我吃了这么多水果，喝了这么多果汁，还吸收了好多维生素呢，胖点儿就胖点儿吧，身体一定很健康。其实事实并非如此，后文我们对此有专门的叙述。

1 片切片面包 = 2 两米饭

学会了水果和米饭的换算，我们再来看看平时常见的其他主食和米饭的对比，看看自己到底有没有多吃碳水化合物。也可在手机 App"食物库"里查询食物，进行对比，比如我们拿 100g 米饭和 100g 切片面包对比（如下图）。

100g 米饭	营养元素	100g 切片面包
116.0 千卡	热量	277.5 千卡
2.6 克	蛋白质	9.1 克
0.3 克	脂肪	3.4 克
25.6 克	碳水化合物	51.9 克
0.3 克	膳食纤维	0.0 克

我们会发现 100g 米饭中碳水化合物的含量只有 100g 切片面包的 1/2。市面上所售的切片面包一片是 50g，也就是一片切片面包大约相当于 100g 米饭。如果平时的晚餐吃 200g 米饭，换成切片面包也就是 2 片。

有人会问：全麦切片面包会不会含有的碳水化合物少一些呢？我们来看下图，有些品牌的全麦切片面包中，碳水化合物的含量确实减少了一点；同时也发现一些品牌的全麦切片面包，只是在普通切片面包中添加了些麦麸，碳水化合物含量的区别并不大。选购的时候一定要注意，不然所谓"全麦"也只是买到了心理安慰。

	切片面包	部分品牌全麦切片面包	部分品牌全麦切片面包
	营养元素		
热量	277.5 千卡	228.0 千卡	321.2 千卡
蛋白质	9.1 克	9.1 克	6.2 克
脂肪	3.4 克	1.7 克	14.6 克
碳水化合物	51.9 克	43.3 克	47.8 克

切片面包、部分品牌全麦切片面包（一）、部分品牌全麦切片面包（二）对比图

1 碗面条 = 6~8 两米饭

有人说面食容易让人发胖，那么我们就来看看面食里碳水化合物的含量。

首先来看煮面条，我们发现煮面条和白米饭的碳水化合物含量相差不多（如下图）。

米饭	营养元素	面条（煮）
116.0 千卡	热量	110.0 千卡
2.6 克	蛋白质	2.7 克
0.3 克	脂肪	0.2 克
25.6 克	碳水化合物	24.2 克

那为什么有人会说吃多了面条体重容易上涨呢？这就要问问我们自己一次吃了多少量了。

我们回想一下每次吃面条的时候，是不是满满的一大碗，碗里大约是 300g 以上的面条，多的时候能达到 400g 以上。换算成米饭也是 300～400g，即 7～8 两。如果让我们吃 8 两米饭是根本不可能的事，但为什么同等分量的一大碗面条就能吃完呢？这是一个很有意思的现象。原因是吃面条时通常速度比较快，吃完一大碗面条需要 10～15 分钟，而吃面条的方式是不断吸进嘴里，常常面条吃光了，面汤还冒着热气，如果这时候问自己吃饱了吗？可能还没有确定的答案。因为，我们的饱腹感从胃部传达到大脑是需要时间的，在吃完一碗面条的 10～15 分钟时间里，饱腹感还没来得及完全释放，也就是说饱腹感还没有到来时，面条已经吃完了。

因此，我们常常强调吃东西要慢慢地吃，这样才有充足的时间确定自己是否真的吃饱了。

以前看过一期《锵锵三人行》，窦文涛在节目中说一位知名女导演的特点就是吃饭快。有一次这位女导演吃得太快太多了，结果没过一会儿就开始呕吐。这就是因为吃饭太快，饱腹感来的时候已经吃过量了。有很多在公司工作的学员说，每餐的就餐时间不足 10 分钟，只能加快吃饭速度。刚吃完的时候总觉得没吃饱，但一站起来就发现已经吃多了。

针对这样的情况，我们的建议就是吃饭时要放慢速度，原来的吃饭时间为 10 分钟，现在延长到 20 分钟；以前每一口饭嚼 5 次，现在增加到 15

次。不要小瞧这些小习惯的改变，坚持下来对于学员身材和健康的改善都非常有帮助。这样看来，白米饭和煮面条含有的碳水化合物含量基本相同，它们之间的差别在于总量的多少和吃饭速度的快慢。

再补充说一下馒头。馒头中的碳水化合物的密度较高，100g 馒头中碳水化合物的含量和 100g 切片面包中碳水化合物的含量差不多，也就是说 100g 馒头的碳水化合物含量约等于 200g 白米饭。如果原来午餐时吃 200g 米饭，吃馒头时就应该是一个 100g 的馒头，要按照碳水化合物的量来确定主食的量。

粗粮食用一定要适量

下面来说说粗粮。粗粮包括红薯、玉米、紫薯、燕麦等含纤维较多的淀粉类。我们对比一下白米饭和红薯的区别（如下图）。

米饭	vs	红薯
	营养元素	
116.0 千卡	热量	102.0 千卡
2.6 克	蛋白质	1.1 克
0.3 克	脂肪	0.2 克
25.6 克	碳水化合物	23.1 克
0.3 克	膳食纤维	1.6 克

从上图可以看出，粗粮中所含的碳水化合物比米饭少，所以也建议适当吃些粗粮。但是有一点需要记住：无论粗粮还是细粮，都要注意量的问题。冬天走在大街上，经常看到女生手里捧着一个大大的烤红薯，这样吃并不健康。

100g 红薯差不多比手掌的一半大一点，如果是一个中等或偏大的烤红薯，有 300～500g，换算成米饭也是 300～500g，即 6～10 两。

吃一个热气腾腾的烤红薯，和吃面条是一样的，没等饱腹感出现就把整个红薯吃完了。体重比较轻的女生，可能一个稍大点的红薯就把碳水化合物这个"油箱"填满了。所以一定要注意控制住量，粗粮再好也要适量，这样才能发掘出食物对身体有利的方面。

让你越吃越累的耗能食物清单

据说不含糖的无糖食物

既然含有糖分的食物吃多了会对身体产生负担，那无糖食物是不是就没有负担了？答案：不是。

按照国家质量监督检验检疫总局《食品标识管理规定》，所有正规的预包装食品的包装上都会有两样东西：营养成分表和配料清单表。

学会看营养成分表和食物配料表，我们就能减少被忽悠的概率。

"营养成分表"（Food label）是食品包装上提示营养素信息的表格，这是我们国家从 2013 年 1 月 1 日起要求食品包装上必须标注的信息。

《预包装食品营养标签通则》规定，预包装食品应当在标签上强制标示四种营养成分和能量（"4+1"）的含量值。通则施行后，营养标签不规范的食品将不得销售，所以营养成分表是有参考价值的。

"4"是指核心营养素——蛋白质、脂肪、碳水化合物、钠；"1"是指能量。

右面对应的这张表就是最简单、最常见的一种营养成分表。

注意，这里就有一个"坑"！

所谓的无糖食物大多指的是在生产过程中没有添加额外的糖，但是食物原材料中天然存在的碳水化合物也属于糖分，吃多了仍然会对身体有不利的影响。

举个例子：

右面对应的这张表是某无糖饼干的营养成分表。

我们可以看到额外添加的糖确实是 0 克，但是每小袋饼

营养成分表

项目	每 100 克（g）	NRV%
能量	356.0 千卡	18%
蛋白质	10.6 克	18%
脂肪	1.2 克	2%
－饱和脂肪酸	0.3 克	2%
碳水化合物	73.0 克	24%
－糖	4.1 克	
膳食纤维	2.9 克	12%

营养成分表
每份食用量：1 袋（45 克）

项目	每份	NRV%
能量	238.2 千卡	12%
蛋白质	2.6 克	4%
脂肪	14.5 克	24%
－饱和脂肪酸	7.2 克	36%
碳水化合物	23.8 克	8%
－糖	0 克	
膳食纤维	1.4 克	6%

干依然含有 23.8 克碳水化合物。

除了无糖饼干，我们一定还见过无糖面包、无糖燕麦。这些食物都少写了两个字——"添加"，所谓的"无糖"只是无添加糖，并非指食物不含有任何糖分。无糖面包、无糖燕麦都是由淀粉制成的。所以看到"无糖"两个字，一定要再查看食品包装上的营养成分表，别被忽悠了。

当然，我们不否认无糖食品确实是同类食物中相对更健康的，我们也推荐尽量选择不额外添加或者少量添加糖的食品（在营养成分表中糖 sugar 这一栏对应克数越低越好）。

看上去很健康的粗粮饼干和苏打饼干

以上所说的米、面包、面条、水果等只要不过量食用，都是不错的"燃料"，因为没有其他添加剂。

那么不推荐的碳水化合物"燃料"有哪些呢？饼干就是其中一种，尤其是粗粮饼干。你没有看错，一定要避开这种大多数人都认为是健康食品的粗粮饼干。为什么呢？我们拿刚学会的看营养成分表的能力来分析一下。

从右表可以看出，粗粮饼干里的碳水化合物含量并不低，除此之外，100g 饼干里还有

营养成分表		
项目	每100g	NRV%
能量	501.7 千卡	25%
蛋白质	6.8g	11%
脂肪	33.0g	55%
－反式脂肪酸	0g	
碳水化合物	42.0g	14%
膳食纤维	6.2g	25%
钠	240mg	12%

33g 脂肪，也就是说一块饼干成分的三分之一都是油分，一点也不健康。这些粗粮饼干含有大量的膳食纤维，所以粗粮饼干的口感一般都不太好。为了让它的口感得到提升从而增加销量，就需要加入大量的糖分和脂肪，结果就变成了只有名字听起来健康的食品。

那其他的饼干也是如此吗？我们再来看看苏打饼干。

苏打饼干

营养元素	每 100 克
热量	408.0 千卡
蛋白质	8.4 克
脂肪	7.7 克
碳水化合物	76.2 克

从上图中可以看出，100g 苏打饼干的碳水化合物含量几乎相当于 300g 米饭。一盒苏打饼干的重量大概是 125g，那么吃完一盒苏打饼干，不仅摄入的碳水化合物可能超量，还摄入了另外一类不健康的脂肪。

可见，粗粮饼干和苏打饼干并不是优质的精力"燃料"。

一定要小心的含糖饮料

在碳水化合物类食品中，还有一种需要小心躲避的"燃料"，就是含糖饮料。我们又回到熟悉的营养成分表，来看看一瓶可乐含有的碳水化合物是多少。

可乐汽水

营养元素	每100克	备注
热量	41.8 千卡	低热量
蛋白质	0.0 克	
脂肪	0.0	低热量
碳水化合物	11.0 克	

粗略计算的话，200ml 可乐的碳水化合物含量相当于 100g 米饭（100ml 水约等于 100g 重量），最常见的 600ml 的塑料瓶可乐大概相当于 300g 米饭。作为主食来看，6 两米饭真的不算少。但因为可乐含有的是精制的糖分，喝完一瓶可乐不会有吃完 300g 米饭那么强烈的饱腹感，到吃饭的时间还可以正常吃饭，所以碳水化合物的摄入量很容易超标。

可乐还有一个危害是容易对牙齿造成损伤。我小时候很喜欢喝可乐，初中住校的时候觉得终于没有人监督我每天刷牙了，晚上都要喝着可乐入睡。结果十几年后，牙齿一颗一颗地松动，每周都要去看牙医，根管治疗、拔牙、烤瓷重复了好多遍。回想当时每周都要去体验电钻在口腔里转动的麻酥感，还有触碰到神经时钻心的疼痛，就后悔不已。这些经验导致我后来遇到小孩子就会唠叨：要好好刷牙，少吃糖，少喝可乐。

除了可乐，我们再来看看其他含糖饮料和米饭的换算，结果是不是出乎你的意料？只要想到这些饮料对应的米饭量，你真的会赶紧拧上饮料的瓶盖，或者从原本的喝一大口变为只喝一小口。

味全（活性乳酸菌饮品）	脉动	雪碧	养乐多	宝矿力水特	冰红茶
435ml	600ml	600ml	100ml	500ml	550ml
250g 米饭	110g 米饭	260g 米饭	60g 米饭	130g 米饭	210g 米饭

膳食纤维饮料和你想象的不一样

我们在很多食物的营养成分表里会经常看到纤维素这一栏。

纤维素也叫膳食纤维，膳食纤维大多来自我们所吃的蔬菜和粗粮。它可以帮助我们保护胃肠道健康，延缓葡萄糖进入血液的速度，有利于控制血糖。由于纤维不被人体吸收，在计算碳水化合物时可以用碳水化合物的量减去食用纤维的量，剩下的部分就是可以被人体真正吸收的纤维数量。摄入充足的膳食纤维，对解决便秘问题也有好处。

举个例子，右表是糙米饭的营养成分表。我们可以看到每份的总碳水化合物含量是46g，其中包括4g膳食纤维（水溶性和非水溶性是膳食纤维的分类），那么我们就知道了碳水化合物计数时的碳水量，即真正影响血糖的那部分应该是 46 − 4 = 42g。

需要注意的是很多商家用

营养成分表		
项目	每 195g	NRV%
钾	150mg	4%
总碳水化合物	46g	15%
食用纤维	4g	16%
水溶性纤维	0.5g	
非水溶性纤维	3.5g	
糖	0g	
蛋白质	5g	

"纤维"这个概念来兜售高热量的产品,看看下图打着纤维旗号的某品牌饮料的成分表。

纤维饮料		
营养元素	每 100ml	NRV%
能量	277 千卡	3%
蛋白质	1.1 克	2%
脂肪	0 克	0%
碳水化合物	14.7 克	5%
膳食纤维（以菊粉计）	1.0 克	4%
钠	22 毫克	1%

100ml 饮料中的碳水化合物是 14.7g,其中只有 1g 膳食纤维,那么真正的碳水量是 13.7g。比 100ml 可乐中含有的 11g 碳水化合物还要多,所以这并不是真正健康的身体"燃料",在选择时一定要擦亮我们的眼睛。

这种食物越吃越精壮

这几年我们流行一种说法,认为常吃大鱼大肉会导致肥胖,引发各种慢性疾病。

开始我也是这么认为,但是到了欧美之后发现未必如此。

同样是胖,欧美人体格健壮,比起"肥胖",更符合"结实"这个词。但是,我们周围的胖子都是松松软软的,身上的肉和QQ糖一样,又软又Q。最早以为这是人种的差异造成的,在欧美待过一段时间后,才知道这是饮食习惯的差异引起的。

欧美人的饮食习惯是摄入蛋白质较多,所以更容易生成肌肉,普遍看起来结实,属于"蛋白质充分型健壮"。我们国家的饮食看起来是大鱼大肉,蛋白质也不少,但在食物烹饪过程中加入了大量的油脂,比如红烧、糖醋等做法,导致油脂严重超标,大多数人不是肉、蛋、奶类过剩,而是明显不足，属于"油脂过剩型虚胖"。

为什么蛋白质是否充分对我们的外形影响这么大呢？我们就来聊一聊人体第二个"油箱"的燃料：蛋白质。

关于蛋白质的作用，用简单的一句话来总结，就是：没有蛋白质，就没有生命。它对人体的作用就如同砖头或者混凝土对于一座房子的重要性。

我们的身体，从皮肤、骨骼、肌肉和毛发，到大脑和其他内脏，再到血液、神经组织和内分泌系统，都需要蛋白质的参与。

不仅如此，从帮助免疫系统击溃外来的致病因素，到作为催化剂加速各类生化反应，都有蛋白质活跃的身影。

蛋白质是肌肉原料

对于肌肉的生长来说，必须有充足的蛋白质作为基础。高糖、高油的饮食习惯，再加上蛋白质摄入不足，肌肉只能是越来越松软。

我读大学时，我的表哥在工地做拧钢筋和搬运钢筋的工作，手臂、肩膀的训练强度不比健身房的训练强度低，但是工地的伙食比较差，米饭、蔬菜管够，肉类很少。结果是锻炼出了一身精细的肌肉，看起来很瘦很健康，但肌肉块并不明显，尤其是穿着外衣时基本看不出来。

我的大学同学薛鑫，是 2003 年"耐克中国三对三联赛"北京赛区的扣篮冠军，他的招牌动作是"双脚起跳的单手大风车"。他的身材很宽厚，属于类似欧美人那种大块头的类型。我们总是问他这么好的弹跳力和力量是怎么训练出来的？他说以前身材不是这样，高中时有两年一直在班尼路公司打工，工作内容就是在库房每天来回搬运货物，尤其是要把货物扔到货架最上面的格栏里，总是重复蹲和扔的动作。为了补充体力，回家后他把牛奶当水喝，家人还准备了足够的肉类食物。一边锻炼一边补充蛋白质，他的身材渐渐地就发生了改变，拥有了宽宽的肩膀和厚实的背部肌肉。

我表哥和薛鑫同样从事体力工作，身材的走向却完全不同。引起差别的根源在哪儿呢？米饭、蔬菜和优质蛋白质的不同，即营养物质的差别。当肌肉的"燃料"——蛋白质不充足时，肌肉就失去了生长的沃土，即使一直坚持运动，也无法长出大块的肌肉。

蛋白质也是免疫屏障构筑师

不只是偏胖的人分为结实和 Q 弹两类，偏瘦的人也是如此。观察一下身边的人就会发现，很多在办公室工作的女生，看起来比较瘦，但是手臂、腹部都是软软的。同时还有其他特质，比如血液循环不好，手脚容易冰凉，精力不是很好，遇到流感暴发总是最先被传染的一拨。我们发现这些瘦弱的女生的身体状态和肥胖的人差不多，爬楼梯还没爬到两层就开始气喘，心肺功能非常弱。

我们把这些外表瘦弱、指标却和胖人差不多的女生叫作"胖子核"，意思是指她们和胖人的内核是一样的。要摆脱这种"胖子核"的状态，就需要优质的蛋白质"燃料"。在日常饮食中要增加优质蛋白质的摄入，尤其不能节食或断食。

连一头秀发都离不开蛋白质

因为被电视广告洗脑了多年，所以，一说到改善发质，很多人第一个想到的就是换一瓶质量更好的洗发水。我自己的亲身经历是，洗澡时开始有大量细发丝脱落时，换再多种洗发水也没有用。

我们的平均发量为10万根，从头发的生命周期来计算，一天掉发50到100根都算正常。但是，如果发现还没"长大"的细短头发逐渐脱落，就要特别注意了。这代表头发的成长周期变短，是头发不健康的信号，如果不注意调理会导致头发越来越稀疏。

后来我意识到，这不是通过外用产品能改善的，也许是饮食和生活规律出现了问题，顺着这个想法，我找到了解决问题的途径。

头发的成分中80%左右是一种叫作角蛋白的蛋白质，它存在于头发的皮质层当中，是保持头发强韧的最关键的物质。一旦角蛋白中的角质链断开、头发的内部结构被破坏，头发就会失去光泽、缺乏弹性、脆弱易断。

那角质链为什么会断裂呢？

角蛋白的制造原料来自我们所食用的蛋白质，而且是含有必需氨基酸的蛋白质，比如肉类和豆类。优质蛋白质摄取不足的时候，头发的粗细、发量、光泽都会受到影响。

除了优质蛋白质，能促进成长荷尔蒙分泌而生发的锌，是合成毛发中蛋白质的不可缺少的物质，而锌大多存在于动物肝脏、海产品、奶类和蛋类食物中。

所以，当你发现浴室排水口经常因掉发阻塞，头发缺少光泽和弹性时，首要考虑的就是调整饮食结构，然后才是更换洗发、护发产品。饮食和压力因素对于头发质量的影响达到 80%，另外 20% 才是外用产品的功劳。

那优质蛋白藏在哪里呢？

让你充满力量的高效食补清单

我们看到很多保健品叫氨基酸片，实际上就是蛋白质。氨基酸是组成蛋白质的基本单位，氨基酸手牵手串成长长的链子，就可以得到蛋白质。

我们体内的蛋白质种类千千万万，都是由大约20种不同氨基酸通过不同的排列组合方式构成的。

这20种氨基酸中，有12种是我们身体可以自行合成的。也就是说，如果我们从食物中没有获取足够的这类氨基酸，身体也会自动合成这些氨基酸以补足缺少的部分。

剩下的8种氨基酸就不太一样了——我们的身体无法自主制造这些氨基酸，或者制造的速度远远达不到自给自足的水平，只能从食物中获取。一旦食物中供给的这部分氨基酸不足量，就会出现短缺的现象。

这类必须从食物中补充获取的氨基酸，我们称之为"必需氨基酸"。

要保证必需氨基酸的供给，就需要吃富含优质蛋白质的食物，也就是牛奶、肉、鸡蛋、豆类等。这些才是我们的优质燃料。

在我们的家常菜中，最常见的是宫保鸡丁、鱼香肉丝、糖醋里脊、肉丝炒蔬菜等，这些菜中的肉类都伴随着大量的糖和油，更容易造成身体油脂超标的Q弹效果。

我曾在德国住了一段时间，发现超市供应的肉和蔬菜大多都是半成品，包括切好的蔬菜，塑封好的牛排、猪排、鸡排、鱼排还有无淀粉香肠，种类足足有两排货架那么多，比国内超市的品种丰富太多了。

上好的牛排通常价格会贵一些，普通的一个手掌大小的瘦肉猪排、鸡排合人民币10元左右，价格真心不算高。买回食材自己做的时候，可以选择煎和烤两种方式，煎的话大概几分钟就可完成，烤的话需要一个小时左右。这样的做法使食物中充足的蛋白质得以保存，并且吃起来口感非常好。

另外，欧美人的周末聚餐基本都是BBQ——把从超市或加油站便利店头来的大块大块的肉放在炭火上烤，这和我们吃烤肉串时蛋白质的摄入情况有所不同。这也是为什么欧美人普遍强壮结实的原因：日常饮食中有充足的肌肉燃料。

2009年，我看了一部关于屠宰场的电影。这是我第一次看到屠杀动物的场景，看完后，我决定开始吃素。当时恰好我工作的酒店的员工餐是自助餐，提供的食物很丰富，蔬菜、主食、水果都有多种选择，吃素也并没有觉得辛苦。

本以为多吃主食、蔬菜、水果，身体也会健康。结果刚到第二周就有人说我脸色不好，但我相信这是在排毒；到了第三周，有人说我消瘦了好多，我觉得也没什么不好；第四周就开始发烧，整整烧了一周，躺在床上起不来。当时我觉得很困惑，不是说吃素更健康吗？我怎么还病了？身体越来越没力气，好像不是在排毒。

后来学习了蛋白质和免疫系统的关系，我才知道当时生病的原因。我的个子比一般人高，需要的蛋白质也更多，饮食中突然没有了蛋白质类食物，身体根本适应不了。而免疫细胞也是由蛋白质组成，少吃或者不吃蛋白质，免疫细胞就无法正常工作，身体就肯定会生病。所以吃素不是看上去那么简单，吃素也要讲究方法，千万别像我一样乱来，不仅没有享受到吃素的好处，还把自己折腾病了。

后来我又逐渐调整饮食，合理摄入蛋白质，才恢复了原有的精力状态。通过这件事才明白，吃素并不等于饮食健康。

大家经常看到素食群体中也不乏胖子，吃素也照旧出现体重超标、血压高等情况，这是为什么呢？其实素食中的高糖、高油的食物非常多，比如绿豆糕、凉糕等各种含碳水化合物的糕点，炸豆泡等。我们还发现，有些素食店为了把素肉做出和肉相同的口味，总是在制作过程中放入过多的油。所以吃素不等于饮食健康。

那么想吃素又想身体健康该怎么做呢？一定要注意摄入适量的蛋白质以满足身体的正常需求。如果不是蛋奶素，更要注意选择好豆类蛋白质。《素食、跑步、修行》（*Eat&Run*）这本畅销书的作者在"摄入足够蛋白质"这一节介绍了自己补充蛋白质的窍门：在早餐的果汁里加入坚果和素蛋白质粉；午餐在一大碗生菜沙拉中拌入黄豆制品或是毛豆和一大勺鹰嘴豆；晚餐是豆类或全谷类。如果午餐没有吃黄豆制品，晚餐时会补充。有时会选择藜麦作为主食，零食则选择有机营养棒和果仁。我们可以看到，有运动习惯的素食者每日需要大量的豆类食品作为蛋白质补充。一般我们身边的素食者很少能按照这样的方式饮食，这也和在营养知识上的欠缺有关系，所以反而在吃素之后体质不佳。

植物蛋白质的吸收率不如动物性蛋白质高，因为植物蛋白质中的必需氨基酸含量不足，需要多种植物搭配才行。也是因为这一点，品质高的植物性蛋白粉提取技术更复杂，价格也会更高。

那是不是动物性蛋白质就一定好呢？这也是个常见的误区，不是所有的动物性蛋白质都是优质的。比如燕窝，尽管蛋白质的含量很高，但其中的蛋白质并不是优质蛋白质，不包含人体所需的8种必需氨基酸，不如鸡蛋或者豆腐的营养价值高。而且更重要的是，燕窝需要泡发，1g燕窝泡发成10g，蛋白质含量立刻变为5%，其营养价值就相当于牛奶了。像这样的保健品，没有什么特别的益处，反而价格高昂，不利于生态环保。

所以吃素不等于健康，健康的饮食方式应该是吃素食（蔬菜＋粗粮）的同时，再搭配适量的蛋白质。

最常用的"补血方"其实只补糖

正如不管性能多么精良的电器，只要缺少了一个零部件，都无法启动一样，蛋白质只要缺少一个必需氨基酸就会直接"掉链子"，无法完成它所承担的使命。

缺少必需氨基酸，可能引发的身体问题很多，小到皮肤、发质出现问题，厌食贫血，大到肝脏坏死、出现幻觉，等等。

先说皮肤问题。一说皮肤和蛋白质的关系，很多人首先想到的是胶原蛋白，而一说到补充胶原蛋白，又有很多人的第一反应是喝猪蹄汤、吃猪蹄和买胶原蛋白补剂。那么这样做对不对呢？

我们先从胶原蛋白的基本概念说起。

胶原蛋白里的胶原是一种蛋白质，我们的皮肤、骨骼都"喜欢"这种胶原蛋白。它含有两种特别的氨基酸，虽然特别，但都能通过人体自身合成，原料来自优质蛋白质的氨基酸。既然自身可以制造，那就不必选择其他补充方式。如果基础需求的蛋白质摄入不足，使用其他的补剂也不会有明显效果，依靠化妆品补充更是不可取，只能起到暂时遮盖的作用，治标不治本。

头发也是同样的情况。有段时间，我饮食不规律，蛋白质类食物吃得少，发现自己的发质越来越粗糙，后来更严重了，每次洗头时都会掉很多头发。吓得自己赶紧调整饮食习惯和生活作息，才慢慢恢复了正常。

再来说贫血。很多女生因为长期节食减肥或者饮食生活不规律，造成胃肠功能下降或者是食欲不振，当铁、锌、蛋白质、B族维生素等造血所必需的营养素供应不足时，就会出现贫血、脸色蜡黄等症状。这时候意识到要补血，通常第一反应不是吃富含优质蛋白质的肉类食品，而是想到了大枣、红糖！

可是，大枣、红糖真的补血吗？

大枣、红糖不补血，补的是糖！

有一次，一个女生告诉我，她脸色发黄，怕冷，还容易疲乏，别说跑步了，走路都没有力气。去医院检查后，医生说是缺铁性贫血。她不想吃药，听说大枣和红糖能补血，就坚持吃了几个月。结果体检显示贫血情况没有好转，体重却增加了好多，这可怎么办呢？

我一听，连连摇头：你这大枣和红糖确实是没白吃，都补上了，可惜补到体重里去了。

我们来看看大枣的碳水化合物含量。平时常吃的是干枣，一个干枣大概是10g。100g的干枣含有碳水化合物61.6g，也就是说10个干枣里的碳水化合物含量就相当于250g米饭里的碳水化合物含量。显然吃枣补的不是血，是糖。

再来看看红糖。红糖中95%以上的成分是蔗糖，红糖中的铁含量是2mg/100g，和大枣相当。一位健康的成年女性，每天需要摄入20mg铁。如果依靠大枣或红糖来供应，大约需要摄入1000g，也就是2斤大枣或者红糖。这显然是不可能的，即便摄入一半的量，也会令人严重发胖。

在这种情况下，医生和营养师所建议的首选补血食品，往往不是大枣和红糖，而是红色的动物内脏和红色的肉类，同时还会建议补充维生素C。此外，充足的休息、放松的心情，有利于恢复肠胃正常的消化吸收功能，贫血问题自然就能解决，而脸色也会逐渐变得光润。

既然肉类的营养对人体健康有如此大的作用，那接下来我们就谈谈这方面的知识。

肉类的营养主要包括三个方面：

1.提供大量蛋白质；

2.提供血红素铁和其他容易吸收的锌、铜、锰、硒等微量元素；

3.提供多种维生素B族，包括维生素B_{12}。维生素B_{12}是植物性食品中没有的物质，一旦缺失容易引起贫血、神经纤维变性。

一般四条腿动物的肉叫畜肉，也叫红肉；两条腿动物的肉叫禽肉，也叫白肉。红肉的红色来自血红素，血红素中含有铁元素，颜色越红说明肉的含铁量越多。血红素铁和人体肌肉中的铁是同一种形态，食用后容易被人体吸收利用，而素食中含有的铁的吸收率和血红素铁相比要低很多。

红肉之所以被说不好，主要是因为红肉中肥肉含有的脂肪量较高，比如用牛羊肉炼出来的油脂在室温下是固态，说明含有的饱和脂肪酸比较多。所以更建议食用红色瘦肉。

在蛋白质含量方面，猪肉的排名比较靠后，比牛羊肉、鸡肉低四分之一；在铁元素含量方面，猪肉也低于牛羊肉；但在瘦肉中的脂肪含量方面，猪肉远高于其他肉类，甚至高达两倍以上。

所以想要补血，首先选择蛋白质含量高的红肉，尤其是红色瘦肉，更是最佳选择。

提醒一下，要靠大枣和红糖补血是很难满足身体需求的，但补糖却是非常容易实现的。

抛开标准谈过量，纯属耍流氓

说完如何选择优质蛋白质，接下来要谈的就是人体适当摄入量的问题。在摄入蛋白质这件事上，量化是关键。

提到蛋白质就不得不提蛋白粉。一提起蛋白粉，很多人想到的就是这个东西不能多吃，吃多了对身体不好，等等。最近有个学员和我说，她老公看到她在吃蛋白粉，非常严肃地和她说，吃蛋白粉会造成肝肾负担，千万不要吃。这个学员感到疑惑：到底该不该吃呢？

在我看来这个问题和喝水一样，不仅要看实际情况，还要看每个人不同的需求量。药剂师有一句很有名的话是"离开剂量谈毒性是耍流氓"，用在这里就十分合适。

这位学员不喜欢吃肉、蛋、奶等富含优质蛋白质的食物，也很少吃豆类，身体本身就缺乏蛋白质，所以她老公担心她蛋白质补充过量完全是多余的。

就像上文说的，Q弹的胖子和"胖子核"类人群，都是肌肉不足的，为何还要去担心肌肉超标呢？

对于普通人来说，蛋白质这个"燃料箱"到底存放多少蛋白质合适，这是我们应该考虑的。鉴于各国的膳食指南和运动研究机构的研究，我们总结出如下结论：

体力活动极少时，建议蛋白质摄入量每千克体重 0.8～1.2g；

运动人群、体力劳动者，建议蛋白质摄入量每千克体重 1.2～1.8g；

适量增加蛋白质摄入能帮助减脂者维持肌肉，帮助增肌者增长肌肉；

运动量越大或劳动强度越大，需要的蛋白质越多；

饮食中素食比例越大，需要的蛋白质越多；

避免过量摄入蛋白质带来的风险，低于每千克体重 2g 的摄入量是比较安全的。

即使是久坐不动的人群，每天摄入的蛋白质如果低于每千克体重 0.8g，就属于蛋白质补充不足。比如体重 60kg，每天久坐不动的情况下最少摄入的蛋白质是 0.8 乘以 60，即 48g 蛋白质，这 48g 蛋白质大约相当于 240g 熟牛肉（100g 熟牛肉含有蛋白质 20g 左右）、1.5L 牛奶（100ml 牛奶含有蛋白质 3.2g 左右）或 7 个鸡蛋（每个鸡蛋大约含有蛋白质 7g）含有的蛋白质量。

虽然我们不会只吃单一的食物，每天都会食用不同种类的蛋白质食物，但蛋白质的摄入量不一定够，因为这个需求量标准是不低的。如果是每周规律运动三次的人，每天的蛋白质摄入量应该是每千克体重 1.4g。按照体重 60kg 计算，就是 84g 蛋白质，比久坐不动的人群需求的肉、蛋、奶类几乎翻了一倍，这都是正常的需求量。我们可以参照着计算一下自己平时的摄入量，看看是充足还是不足，我想绝大多数人的蛋白质摄入量都是不足的。

蛋白质摄入不足，运动后身体的恢复能力会随之变差，我老妈就是个很好的例子。

我妈今年 60 岁了，从 5 年前开始晨跑，每天早上的跑步时间是 1 个小时，身体状况一直很好，尤其是心肺功能比很多年轻人还要好。但最近跑完步，她的腿部都会持续酸疼好几天。我开始认为是拉伸和放松运动做得不够，就带着老妈去按摩，可是腿疼的症状并没有缓解。于是又检查是不是饮食出现了问题，当计算到蛋白质时找到了原因。

普通上班族女性每日应摄取的蛋白质是每千克体重 0.8～1g，每天运动的女性每日的蛋白质需求量至少是每千克体重 1.4g。老妈的运动强度是超过普通人的，也就是蛋白质需求量至少是每千克体重 1.4g。老妈的体重是 65kg，每天的蛋白质需求量是 91g。

可是她不喜欢吃肉类和蛋类。经过我们计算后发现，她每天的蛋白质摄入量是 30g 左右，比实际需求的蛋白质少了很多。运动造成的肌肉消耗，根本没有足够的蛋白质来补充。

另外,她喜欢吃高糖、高油类食物,比如油条、油饼、萨其马、酥饼等,即便每天跑步 8000 米,肚子上还是有个"游泳圈",摄入的这些糖分和油脂不仅无法转换成身体需要的蛋白质,反而变成了身体的负担。平时劝她不要吃这些食物,她也不听,在她的意识中,跑步就是为了尽情享受喜爱的食物。

这次腿部酸痛一直不见好转,反倒成了让她改变的机会。她看到计算的结果后,开始考虑改善饮食。我知道老妈不喜欢吃肉类和蛋类,但很喜欢喝牛奶,于是买了品质优良的蛋白粉,让她配着牛奶一起喝。每天食用两勺蛋白粉,相当于摄入 50g 左右的蛋白质。

两周后,老妈告诉我,腿部酸痛的问题改善了很多,感觉比以前更有力量了。就是觉得蛋白粉太贵,不舍得喝两勺,改为每天只增加一勺——即便这样也感受到了身体的明显变化。可见,摄入充足的蛋白质对肌肉的恢复非常重要。不过,在补充蛋白质时首先要确定自己的需求量是多少。

我以前在体校打篮球时是全队最瘦弱的,加上 198cm 的高个子,简直和电线杆差不多,在对抗中总是被欺负。高中有段时间每天去健身房做力量训练,可是那时完全不懂饮食是改善力量的关键,结果做了很久的力量训练也没有效果。只是蹲杠铃把瘦弱的颈椎部位压出了一个脂肪垫大包,除此之外没有其他收获。

等到升入大学,学习了与营养相关的内容后,训练时注意及时补充足够的蛋白质，一个月左右，身体就发生了变化，肌肉越来越多，再也不是瘦弱的"电线杆"了。

蛋白质需求量是个很关键的指标，有了这个指标我们才知道补进的蛋白质量是否合适。再重复一下药剂师的名言："离开剂量谈毒性是耍流氓。"在互联网上，我们可以轻易查找到某种蔬菜对预防或者治疗某种病症有帮助，但却很少能找到具体的食用量。到底吃多少才有效果？我们不得而知了。所以，我可以负责地说，脱离具体的量化值的宣传，都是不科学、不严谨的。

当然，需要提醒大家的是：如果过量摄取蛋白质，比如蛋白质摄取量超过每千克体重1.9g，体内的氮含量就会增加，而这被认为有可能对肾脏造成很大的负担，会对身体健康产生负面影响。

这样做,她吃掉了自己!

很多人对瘦身有一个错误认识,简单地认为瘦身就是少吃多动,少吃就会瘦,靠毅力管住嘴就能控制体重,至于吃什么并不重要。在这一点上,我曾遇到过一个很极端的例子。

我在饱瘦训练营中遇到了一个叫苗儿的女生,她刚加入我们的训练营时和我说,在两年前上大学三年级时,她每天早上喝粗粮粥,不吃米粒,再加半根黄瓜,中午吃炒菜和半根玉米,晚上吃用盐和醋汁拌的生菜和黄瓜,每天跟着视频做1个小时左右的减肥操或瑜伽。她发现这样做体重每周可以减少将近1kg,于是就用这个激励自己忽略饿的感受,继续坚持下去。2个多月后,体重从53kg降到了46kg,足足减少了7kg。

但是,她每天都昏昏沉沉的,没有精力,皮肤也越来越差。让她感到害怕的还有节食瘦身的这两个月,生理期也不规律了,她觉得自己的身体可能出现了问题。

她最终因为恐惧放弃了节食方案，恢复以前的饮食方式，可是恢复后又完全饮食无节制了。一个体重 50kg 左右的女生，一顿饭可以吃下 30 多个饺子或者两桶方便面，反正是吃东西一定要吃到撑才能停。

短短两个月，体重从 46kg 又反弹到 65kg，比减肥前还多了 12kg，生理期依然不正常。她情绪很低落，觉得自己那么努力地想改变身材，结果反而变得更胖了。我们见面的时候，她说现在的身体特别松软，手臂、后背、腹部、大腿内侧都是肥肉，原有的肌肉越来越少，对自己很不满意。

我接话说："当然了，你的肌肉都被你节食的时候一点一点地吃掉了。"这句话把她吓了一跳。话虽惊人，却是事实。

因为人在饥饿的时候，不只是脂肪这个"燃料箱"供给能量，还会引起血糖的下降。在这种状态下，为了保证大脑、中枢神经系统和心脏等重要器官的营养需要，人体会分解肌肉中的蛋白质来为它们供能，这也就是我说的"自己吃自己"。蛋白质是组成肌肉的最重要的物质，分解肌肉就是消耗体内的蛋白质，所以手臂、后背、腹部这些位置会越来越松软。

为了瘦身而节食，长此以往肌肉都被自己"吃"了——想想，是不是很可怕？

另一方面，再来看苗儿同学无法控制自己的饮食时，吃的大多都是饺子、方便面等高碳水、高油脂类食物。这两类食物是无法转换成蛋白质来补充肌肉需求的，所以，她的肌肉越来越 Q 弹、柔软，身体状态也越来越差，甚至影响到正常的生理周期。

那应该怎么做呢？

第一，千万不要节食减肥，那样会导致自己把自己的肌肉"吃"掉。用代餐粉、减脂饼干代替正餐，同样属于节食。代餐粉和减脂饼干中的蛋白质含量都很低，每餐只吃一包代餐粉或是一块饼干这么少量的食物，只能饿到自己开始吃自己的肌肉。

包括前一段流行的哥本哈根减肥法——不吃主食类、碳水类食物，也是一样的逻辑，提供的食物不够一天所需都属于节食。结果只能是自己"吃"自己。

第二，平时不要等肚子饿得咕咕叫了再吃东西，要知道那时候可能人体已经在分解肌肉中的蛋白质了。具体该如何做呢？可以参考一下健美运动员的做法，为什么健美运动员一定要少食多餐，而且每餐都要保证含有足量的蛋白质？为什么有的人甚至定上闹钟，半夜起床喝蛋白粉？就是为了有持续的营养补充，最大限度地保护肌肉。

第二，别让自己长时间处于饥饿状态。加班的同学一定要注意，尽量提前订餐或准备些食物垫一垫。总之，千万别饿着肚子，等晚上再吃夜宵。这样的做法补回的可能是糖分和油脂，还可能是啤酒，而消耗的肌肉却没有得到相应的补充，只会让精力越来越差。

自己"吃"自己的肌肉是一个可怕的话题，不希望发生在任何人的身上。只要蛋白质"燃料箱"有充足的燃料就可以避免这种可怕事情的发生，还能保持精力充沛、身体健康。

这种食物是活力之源

终于轮到脂肪这个"燃料箱"了,关于介绍脂肪的内容特别多,争议也不小。通常的观点是"脂肪是坏的、糖类是好的"。我们在中国居民平衡膳食宝塔(2016)(见下图)里看到,最底层是谷薯类,而油脂类被排到顶端。

但事实上,脂肪并不是一无是处的,它也有优点,比如可以减慢胃部排空的速度,减缓饥饿感,增加饱腹感;缓解餐后血糖的上升速度;有助于身体健康和细胞膜的修复;对特定的维生素和抗氧化剂的吸收而言,都是必需品;某些脂肪酸还有益代谢;优质脂肪可以给身体提供强力的营养,从而对关节、器官、皮肤和头发进行细胞恢复。

在肉类食物中有一条有趣的规律,就是含脂肪越多的瘦肉,价格越高。这个规律有悖于我们的日常逻辑,事实上只有脂肪多的瘦肉吃起来才觉得美味,就像只有健康餐才会选用鸡胸肉,或是健身一族才只吃鸡胸肉,大多数人都喜欢吃鸡腿肉。因为鸡胸肉过于干柴并不好吃。

而对于脂肪怎么吃,不同的人有不同的做法,比如蒸、炖、烤、炸,方法层出不穷。

可是,要想把肉类食物做得美味,首先要建立在选对肉的基础上,也就是说选择有一定脂肪量的肉类。比如,牛肉中的和牛,肌肉纤维里均匀

中国居民平衡膳食宝塔(2016)

盐 <6 克
油 25～30 克

奶类及奶制品 300 克
豆类及坚果类 25～35 克

畜禽肉类 40～75 克
水产品 40～75 克
蛋类 40～50 克

蔬菜类 300～500 克
水果类 200～350 克

谷薯类 250～400 克
全谷物和杂豆 50～150 克
薯类 50～100 克
水 1500～1700 毫升

每天活动 6000 步

中国营养学会 2016

地沉淀着很多脂肪；猪肉中的排骨，实际上是含有很多脂肪的瘦肉，脂肪含量高达 23%；烤鸭也是如此，脂肪含量高达 38.4%；鸡肉中销量最好的鸡翅中，脂肪含量达到 11.8%，是鸡肉中脂肪含量最多的位置；就连我们涮肉时也偏好肥牛和肥羊片。相比之下鱼肉的脂肪含量就比较低，通常只有 5%～10%。

可见，脂肪在食物中的作用，就是让食物拥有了香味。闻起来越香，油脂的含量就越高。脂肪不同，产生的香味也不同，就像羊肉和牛肉的味道为什么不同，最主要的原因也是含有的脂肪不同。

如果我们希望自己健康有活力，就必须控制脂肪的摄入，也需要优化脂肪的来源。

没有坏食物，只有错搭配

要谈优质，我们先要清楚脂肪酸是怎么分类的。

通常来说，脂肪酸分为饱和脂肪酸和不饱和脂肪酸。饱和脂肪酸之所以叫饱和脂肪酸，是因为组成这种脂肪酸的碳氢原子之间没有双键，是个饱和的单键连接；而不饱和脂肪酸，顾名思义，就是这种脂肪酸含有双键，容易发生化学反应。根据双键的多少，又分为"单不饱和脂肪酸"和"多不饱和脂肪酸"。

饱和脂肪酸大多存在于脂肪或肉类的肥肉部分，在常温下呈现固态。不饱和脂肪酸是植物油的主要成分，在常温下呈现液态。

看到下面这张图，你可能已经清楚，优质脂肪酸通常就是指不饱和脂肪酸。

不饱和脂肪酸中的 Omega-3，是一种对人体特别重要的物质，它可以

脂肪酸的种类和特征

脂肪酸

- **饱和脂肪酸**
  一般而言为脂肪或肉类的肥肉部分，在常温中会呈现固态

- **不饱和脂肪酸**
  超市贩售的植物油的主要成分，常温下为液态

  建议多摄取 Omega-3 系列油

  - **Omega-9**
    可减少血液中的胆固醇，不容易氧化。商品有橄榄油、芥花油

  - **Omega-6（亚麻油酸）**
    必需脂肪酸。能降低血液中的胆固醇、降血压。商品有黄豆油、葵花油、玉米油等色拉油系列的植物油

  - **Omega-3（次亚麻油酸）**
    必需脂肪酸。在体内容易转换为能量，根据需要会在体内合成EPA或DHA。商品有紫苏油、胡麻油、亚麻仁油

清除血液中的垃圾，软化细胞膜，减少炎症发生，增强心脏功能。功用这么强大，人体却无法自行合成，必须通过食物获取。

通常情况下，人们都无法从日常饮食中获取足够的Omega-3脂肪酸，从而增加了身体发生炎症的概率。

既然Omega-3如此重要，又必须从食物中获取，哪些食物中含有丰富的Omega-3呢？像常见的三文鱼、金枪鱼、鱼油、核桃、亚麻仁油、芝麻

油中的 Omega-3 含量都很丰富。

Omega-3 作为非常重要的脂肪"燃料",建议每天都主动摄入。

那是不是我们只需要摄入优质脂肪酸,不需要摄入其他脂肪酸呢?

答案当然是否定的,因为脂肪酸的摄入标准,不在于优劣,而在于平衡。

不能因为一种物质好,就一味地只增加这种物质的摄入,凡事我们都需要讲究平衡。

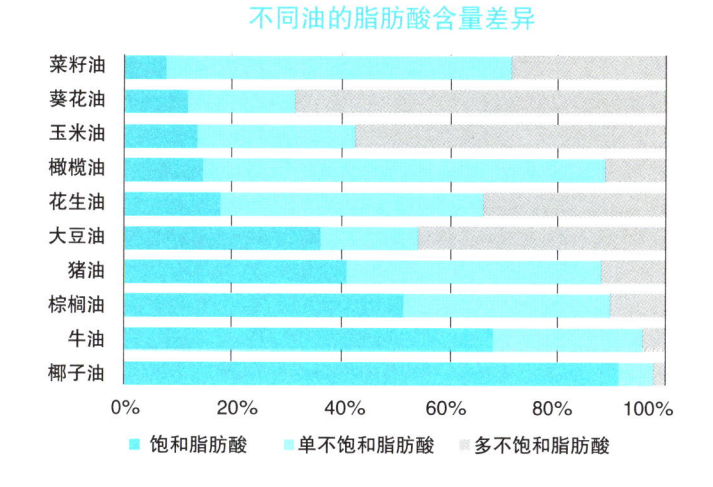

不同油的脂肪酸含量差异

油类	饱和脂肪酸	单不饱和脂肪酸	多不饱和脂肪酸
菜籽油			
葵花油			
玉米油			
橄榄油			
花生油			
大豆油			
猪油			
棕榈油			
牛油			
椰子油			

和不饱和脂肪酸主要存在于食用油中不同,饱和脂肪酸除了存在于食用油中,还存在于各式动物类食品中。所以选择食用油的时候,我们可以参照上图中列出的不同食用油中各种脂肪酸的含量,再根据自己的日常饮食习惯,保证饱和与不饱和脂肪酸之间的大致平衡。

如果平时食用肉类等动物性食物较多,饱和脂肪酸的摄入比较充足,那么在食用油上就要"照顾"一下不饱和脂肪酸,可以选择菜籽油、葵花油、橄榄油等。反之,如果吃得比较素、油脂摄入比较少,那么可以偶尔考虑选择黄油、猪油、椰子油等,做出来的饭菜也很好吃。

脂肪酸的种类繁多复杂,平时记住以下几个办法就足够了:

油脂要混搭吃,有助于脂肪酸平衡,建议购买小瓶装,可以多买几种混搭着吃,也可以购买带刻度的油壶把几种油直接混搭在一起;

高温炒选择葵花油、花生油、玉米胚芽油、大豆油、菜籽油;

低温烹饪选择以上各种油、特级初榨橄榄油、黑芝麻油;

凉拌选择特级初榨橄榄油、亚麻籽油、黑白芝麻香油、紫苏油。

此外,要小心加工食品中的油脂,这类食品中大多使用的是人造奶油、人造黄油、棕榈油、低品质精炼植物油;不推荐食用猪肉等动物脂肪、椰子油、黄油。

储存时要注意避光、避热,因为光照、加热都会使油脂加速变质、饱和程度变高,从而降低营养价值。

你可能会问,那我一天摄入多少脂肪算合适呢?

又回到我们科学量化的环节。建议成年人每天脂肪摄入量和体重百分比为 0.1%,比如体重 60kg 的成年人,每天应摄取的脂肪量就是 60g。脂肪来源于我们平时吃的肉类、零食、食用油等。

《中国居民膳食指南》和世界卫生组织(World Health Organization)均

推荐脂肪摄入量占饮食总热量的百分比为30%，这个数值和我们上面说的脂肪摄入量和体重百分比为0.1%的计算结果相差无几。

如果摄入超过这个量的话，超出的多余脂肪中的99%会被身体吸收，和碳水化合物、蛋白质的转化量是完全不同的。

为什么呢？

因为人类过去经历了太多的饥荒，所以人体特别善于储存脂肪，以防再次经历饥荒时无法存活。

《绝对好奇》第二季《人类崛起》中，讲到几亿年里我们一直在成为别人的食物，生活在海洋里就受到大鱼的追杀，跑到陆地上发现是恐龙的天下。为了活下来只能学会打洞，躲到地下避免被吃掉。恐龙灭绝后，我们成了猴子，又遇到气候变迁，因为没有食物，必须要离开森林，这才被迫直立行走。这个节目中对人类演化史的推断是否正确，还有待证实，但是可以肯定的是，人类整个进化的过程就是吃饱—生存—繁衍的过程，没有吃饱这第一步，后面任何行为都不存在了。为了存活下来，基因一直在优化能量存储的功能，并且很聪明地选择了脂肪这种高能量的储存方式，如果是换作糖分来做这个储存工作，1g糖需要有3g水结合才可以储存，这种储存方式会给身体造成"沉重"的负担。

但是近几十年来，人们的生活和以前有了翻天覆地的变化，大多数人没有经历过饥荒，并且食物充盈。我们想要保持充沛的精力和健康的体质，反而不需要过多的油脂。油脂过多会导致肥胖，进而引发心血管疾病、高血压、糖尿病等，脂肪反而成为影响健康的首要问题。

现在回到前面的问题，我们每天摄入多少脂肪是合理的？答案是每天摄入的油脂总量保持在每千克体重 1g 以内。如果希望自己身体里的体脂减少，就建议每天的摄入量是每千克体重 0.8g。每天减少脂肪的摄入量，也会让身体里的脂肪减少。

但是，凡事过犹不及，如果摄入脂肪太少，身体也会出现问题。比如女性如果每天摄入的脂肪量低于每千克体重 0.6g，可能会引起生理周期的紊乱，所以，每千克体重 0.6g 就是每天脂肪摄入量的下限，不可以低于这个数量。

增加身体负担的饮食黑名单

说完对人体特别重要的优质脂肪酸,再来说一下应该避免食用的脂肪酸。

存在致病风险的反式脂肪酸

这个名字我们应该都听过,就是反式脂肪酸。

为什么反式脂肪酸就是劣质脂肪酸呢?因为它会增加人体患心血管疾病的风险。首先,反式脂肪酸不是营养物质,不易被机体识别,进入人体后很难被代谢排出体外,不能代谢的物质进入人体后就相当于是垃圾,长时间地在人体中蓄积储存,一方面会造成血脂升高,血液黏度上升;另一方面会导致各种器官细胞获得的氧气量下降,得到的营养物质减少,使机体呈现疾病状态，比如动脉血管壁硬化、堵塞，引发冠心病、脑中风等。

既然反式脂肪酸有这么多的不利因素，为什么人们还那么热衷于它呢？其实答案很简单：口感好。

这种劣质的反式脂肪酸主要来源于部分氢化处理的植物油。这种油具有耐高温、不易变质、存放久等优点，在蛋糕、饼干、速冻比萨饼、薯条、爆米花等食品中普遍使用。它能够增加食物的脆性，令食物更加爽口。

酥脆香软的食物中，比如蛋黄派、起酥面包、曲奇、萨其马以及一些膨化食品等，都添加了植物奶油或起酥油，包装上简称酥油，酥油中就含有反式脂肪酸。一般来说，这些食物的口感越好，反式脂肪酸的含量可能越高。

在你对反式脂肪酸产生戒备之后会发现，很多食物的外包装上并没有"反式脂肪酸"这几个字。这种食物就一定不含反式脂肪酸吗？一定是健康食品吗？当然不是。

我们在选择食品时，一定要养成一个习惯，就是看食物外包装上的营养素表，前文中我们特别提到了如何看食物的营养素表，如果在"脂肪"一栏看到有反式脂肪酸，建议不要购买。

但是，有些食物含有反式脂肪酸，却不会在营养素表里直接写反式脂肪酸。反式脂肪酸有好多个"变身"，它也叫"氢化植物油""氢化××油"，在咖啡伴侣里它叫"植脂末"，在面包、糕点、饼干、方便面里它叫"奶精""麦淇淋""人工黄油（奶油）""植物黄油（奶油）""植物起酥油"等，还有"蛋糕专用油""精制植物油"等，其实这都是反式脂肪酸的别称。以后看到这些词，你就可以确定这种食品含有反式脂肪酸，能不吃就不吃。

大多巧克力只是用白砂糖制作的巧克力味食物

还有一个让很多人无法停下来的零食就是巧克力，印象中巧克力的脂肪含量也很高，但其实市面上常见的巧克力中糖分的含量更高。很多人爱上巧克力不是因为可可脂的味道，而是糖的味道。如果你养成看成分表的习惯，那你看到的巧克力的成分表大多是这样的（如下表）：第一个成分是白砂糖。我们要知道成分表是根据含量多少决定排列顺序的。所以，这并不是真正的巧克力，而是用白砂糖制作的巧克力味的食物。换句话说，就是巧克力味的糖。价格比较便宜的巧克力点心，排在成分表第一位的基本都是白砂糖。

产品类型	黑巧克力
配料	白砂糖
	可可液块
	可可脂
	食用精炼植物油
	可可粉
	全脂乳粉
	食用香精香料
	食品添加剂（大豆磷脂）

真正喜欢巧克力的人，应该选择可可粉排在成分表第一位、白砂糖排在第二位或第三位之后的巧克力品种。当你吃过真正的巧克力之后，肯定会感觉出味道完全不一样。你会发现，其实你喜欢的并不是巧克力，而是白砂糖。

另外还有一种价格便宜的巧克力用的原料是代可可脂，这个问题就更多了，离真正的巧克力也更远了。代可可脂是人工合成的类似巧克力物质，含有反式脂肪酸。由于代可可脂中含有极为丰富的、人体无法消化的蛋白质和人工合成脂肪，一次性食用过多不仅阻碍人体对铁的吸收，还容易引起蛋白质消化不良甚至中毒，出现腹胀、腹泻、腹痛等不适症状。

也正因为这些零食，才让我们的体重负担加大。所以为了健康和减轻身体负担，要尽量选择未加工的食品，主食类、水果类、蔬菜类都应如此。

之前我们提到过某种高纤维的消化饼干，朋友说这个饼干非常好吃，一般的高纤维、粗粮、全麦饼干都很难吃。这款饼干的纤维含量这么高，吃起来怎么这么香呢？我回答说，因为它里面的脂肪含量多呀。

中餐炒菜太容易油脂超标

为什么脂肪含量多就好吃呢？我们来看看脂肪对好口感的贡献。

炒菜没有油脂就不香，这一点人人都知道。因为有了热油，菜就会迅速受热，其中的香气才能散发出来，然后在炒的过程中各种香味物质互相作用，又产生新的香气，这就是为什么炒菜比煮菜闻起来更香的原因。

正因为大家都喜欢这种香气，所以就努力地制造这种香气，不知不觉食用油的摄入量就超标了。

《中国居民膳食指南（2016）》推荐每天食用油的用量最多是30g，但是我们国家有55%的人的食用油摄入量超标。

我们来看看人体食用油摄入量是怎么超标的？

假设早餐吃2个鸡蛋，如果煮着吃，或者无油煎都没有油脂。但如果是用油煎呢？一般来说5g食用油相当于我们大拇指手指盖大小的量，对于煎鸡蛋来说，这个油量是不够的，也就是说煎两个鸡蛋最少需要10g食用油。这10g食用油随着鸡蛋一起被我们的身体吸收了，而10g就是建议每日食用油用量的1/3了。

我们再来看看炒菜，家常清炒一盘菜，用油量是5~8g。如果是红烧茄子可能需要12g。这样来看，如果每天食用油的摄入量控制在30g以内，必然有的食物是凉拌或清炒的做法，如果用相对用油较多的红烧做法就容易超标，更别提鱼香肉丝、宫保鸡丁这些菜了。

为了让身体健康，不要有多余的负担，我们需要减少烹饪油脂的摄入，所以建议清炒、凉拌或是沙拉搭配着吃。

说到这里，我想起在欧洲用Airbnb租房的时候，大多数房东都会询问是否会做中餐。因为欧洲的厨房都是开放式的，油烟过多会影响装修。毕竟在欧洲的饮食习惯中，肉类的做法多数是煎、炖，很少用炒的方式。而蔬菜沙拉在任意一家超市都可以买到，而且是很大一包，所以蔬菜沙拉也是欧洲人常食用的。

其实现在越来越多的中国家庭也选择了开放式的厨房设计，以后的饮食习惯也会因为油烟的减少而慢慢改变。我认为这是一个好的发展趋势，也有助于减少烹饪食用油的摄入，改善我国一贯油脂类摄入过量的现象。

油条就是中国版的"薯条"

脂肪可以跟淀粉、纤维素、蛋白质等结合到彼此交融的程度。

比如说上面说到的纤维素饼干，只要放入足够多的油就能变得酥软，不再难以吞咽。如果和淀粉交融，那就更美味了。说到这里，我们的脑海中马上浮现出一堆美食，什么油条、油饼、炸年糕、炸馒头、油炸方便面等都是这类食物。

提到油条，想说一下最近出现的健康油条。所谓健康只是不含有明矾这种人体不需要的金属元素，但油条本身依然属于高脂、高糖类食物，是不健康的。

在营养素表中，100g 油条的脂肪含量是 17g，碳水化合物含量是 50.1g。市面上售卖的一根油条是 300g 左右，相当于 300g 白米饭的碳水化合物含量，还有 51g 脂肪。这样的食物很快就让身体内的"燃料箱"超标了。

把油条的营养素表放到类似的"垃圾食品"薯条的营养素表旁边对比

看看（见下图），就会发现数字是多么类似，简直就是兄弟。如果薯条被称为"垃圾食品"，怎么会有健康的油条呢？毫不夸张地说，油条就是中国版的"薯条"。想象一下，早上起床后吃一根油条相当于吃了一大盒薯条，估计吃的欲望就被压下去了。

油条 vs 薯条

油条	营养元素	薯条
388.0 千卡	热量	366.7 千卡
6.9 克	蛋白质	4.4 克
17.6 克	脂肪	17.8 克
50.1 克	碳水化合物	47.8 克
0.9 克	膳食纤维	
74.9	GI	60.3
38.2	GL	28.8
3.2mgRE	维生素 E	
0.0 毫克	维生素 B_1（硫胺素）	
0.1 毫克	维生素 B_2（核黄素）	
0.7 毫克	烟酸（烟酰胺/尼克）	

便利店的隔夜米饭为什么格外香

说完油条，我们再说一下一种特殊的米饭——便利店的隔夜米饭。有一次，我好奇地问便利店的服务生，隔天的米饭怎么处理？因为我觉得当天没卖完的米饭，隔天就不香了，但扔了又很浪费。可后来发现便利店里隔天的米饭还是很香，和家里的隔夜饭口感完全不同，而且看起来也依然颗粒饱满。

这激起了我的好奇心，不断追查到制作企业才知道，原来米饭最有效的保鲜方法就是制作时按比例加入猪油，加入适量猪油后的米饭在第二天依然可以保持美妙的口感和饱满的外形，色香味依旧。这就是便利店隔夜米饭保鲜的秘诀。

所以，我们吃外卖或是便利店食品时，无形中又多吃了一些猪油或其他油脂类，这些看不见的脂肪就这样悄无声息地进入了我们的身体。

鸡蛋黄没有那么糟，牛油果没有那么好

你听说过胆固醇吧，也知道蛋黄里富含胆固醇吧？那么再说得详细一点，脂肪是一个大类，胆固醇是脂肪大家族中的一个小分支，所以我们在这里，把胆固醇拿出来，讲讲常见的脂肪陷阱。

前面提到每天要保证摄入适量蛋白质的时候，一定会有人问鸡蛋黄能不能吃的问题，因为以前经常听别人说鸡蛋黄有胆固醇，高胆固醇就会引起高血脂，之后又会诱发心血管疾病。但是现实中的逻辑并不是这样的。

一个鸡蛋，含有 6g 左右的蛋白质，其中包括了我们需要的全部必需氨基酸，另外还有丰富的卵磷脂，卵磷脂是神经系统中非常重要的营养元素。再考虑一下实惠的价格，鸡蛋简直就是物美价廉的典范。只是鸡蛋里的胆固醇含量非常高，很多人一想到这一点，就在吃鸡蛋这件事上犹豫不决了。而事实上，胆固醇并不像很多人想象的那么"坏"。

美国的营养卫生机构在每年的营养膳食建议中已经取消了胆固醇上限。我国也在《中国居民膳食营养素参考摄入量（2013年版）》中取消了胆固醇的摄入上限。因为胆固醇主要依靠身体自身合成，并且这部分体内合成的胆固醇才是人体胆固醇的主要来源，从食物中摄入的胆固醇仅占体内合成胆固醇的1/7～1/3，起不到决定性的作用，并不是引起心血管疾病的原因，所以没有必要把鸡蛋黄当成罪魁祸首。

那问题来了，是不是鸡蛋黄就可以随意吃了？这个问题的答案要根据你的脂肪摄入量上限来定。

胆固醇也是脂肪的一种。蛋黄脂肪的一大亮点，就是其中的磷脂。鸡蛋黄中的磷脂约占总脂肪的三分之一，其中70%以上是卵磷脂，还有脑磷脂、溶血磷脂和少量的神经鞘磷脂等。鸡蛋所谓的"补脑"效果，在很大程度上来自这些磷脂类物质。其次，磷脂类对血脂代谢也有帮助，这一点早就被人们所熟知。只是对身体十分有益的这些磷脂类依然是脂肪的一种。

我们可以对比一下鸡蛋白和鸡蛋黄的营养素含量（见下图）。

鸡蛋白 vs 鸡蛋黄

	营养元素	
60.0 千卡	热量	328.0 千卡
11.6 克	蛋白质	15.2 克
0.1 克	脂肪	28.2 克
3.1 克	碳水化合物	3.4 克

通过上面这张图中的数字，我们就能明白为什么健美或健身的人大量食用的是鸡蛋白而不是鸡蛋黄，主要目的就是避免摄入过多的脂肪。

那么鸡蛋黄到底吃多少合适呢？简单地说，每天吃两个蛋黄的脂肪，包括卵磷脂等在内的优质脂肪就达到了每天的需求量，完全没必要一个鸡蛋黄都不吃。

提到要控制脂肪的摄入量，还有一种含有脂肪的水果也不能多吃，那就是牛油果。一直不明白牛油果为什么和减肥联系了起来，大概是因为含有的不饱和脂肪酸较多，和橄榄油的作用类似，但是牛油果里的不饱和脂肪酸也是脂肪的一种。看到很多公众号的文章中宣传一天一个牛油果，人会变瘦，这样的瘦身方法是有前提要求的，就是在吃牛油果的同时，要减少其他食物的摄入量，才可能变瘦。

我们来看看牛油果的脂肪含量（如下图）。

牛油果

营养元素	每 100g
热量	161.0 千卡
蛋白质	2.0 克
脂肪	15.3 克
碳水化合物	5.3 克

一个普通的大牛油果是 200g，脂肪含量是 30g。一个牛油果的脂肪含量相当于 4 个鸡蛋的脂肪含量，怎么能说一天一个牛油果能减肥呢？实际的建议食用量应该是每天 1/4 个，否则脂肪摄入量也容易超标。所以某种食物健不健康是要看"量"而行。

性价比最高的天然维生素

之前我们提到了水果也是有热量的，而且大量食用也会给身体造成负担。但是有的朋友和我说，就是喜欢吃水果，而且几乎所有的广告上都说维生素对身体特别好，每天都应足量获取。如果不吃水果，维生素从哪里来？只有多吃水果才能有一个健康的身体吗？

水果的确含有维生素，但是水果的维生素含量是最高的吗？是不是我们都被某些广告洗脑了，以为只有吃水果才能补充维生素呢？

我们来对比一下蔬菜的维生素含量和水果的维生素含量。

绿叶蔬菜的平均维生素含量居于各类蔬菜之冠。100克新鲜绿叶蔬菜的维生素C平均含量为20～60mg，比如100g西蓝花含有的维生素C是51mg，几乎是100g橙子维生素C含量的1倍，是100g苹果维生素C含量的10倍。

很多人想不到的是，绿叶蔬菜还是 β-胡萝卜素的优质来源，虽然略逊于胡萝卜，但远高于番茄、橙子和红薯。每 100 克深绿色的叶菜，可以提供 2～4mg 胡萝卜素，换算成维生素 A，相当于成年人一日必需量的 1/3～1/2。

为什么那么多人喜欢喝果汁饮料？可能不是因为有营养，而是因为有糖分，口感好。水果也是如此，胜在口感。

所以不要拿补充维生素当作吃水果的理由。

而且水果的价格也高，按照现在的消费水平，100 元买到的水果并不多，但是可以买到大量的蔬菜，超乎你的想象。无论从价格还是维生素含量来说，肯定是蔬菜的性价比更高。

另外，绿叶菜中含有的维生素可不仅仅是这两种。维生素 B_2 的含量也相当可观，如果按照干重计算，比肉类、蛋类的维生素 B_2 含量还要高！维生素 B_2 是国人比较容易缺乏的一种营养素，人们经常出现的舌头疼、烂嘴角、嘴唇肿痛等症状，很可能是体内维生素 B_2 不足的缘故。

若论起叶酸的含量，没有多少食物比得上深绿色的叶菜。顾名思义，叶酸是绿叶蔬菜中含量非常高的一种营养素。如今的育龄女性都知道，叶酸在预防胎儿畸形方面尤为重要，在怀宝宝之前一定要多补充叶酸，需要多吃绿叶蔬菜。叶酸的好处不止于此，近年来的研究证实，充足的叶酸还能减少患阿尔茨海默病的风险。

所以，日常饮食中每餐有 100～200g，也就是一盘绿叶蔬菜是非常必要的。如果每天平均摄入 300g 深绿色叶菜，对健康的作用可不仅限于带来充足的叶酸，还能带来 6mg 的 β– 胡萝卜素和 60mg 维生素 C，提供帮助强健骨骼的 600μg 维生素 K、600mg 钾和 300mg 镁，以及对心脏病、白内障和视网膜黄斑变性有预防作用的大量叶黄素。

这些才是我们真正需要的精力饮食的优质"燃料"！强烈建议日常饮食的每一餐都配有一盘绿叶蔬菜。

如果是长时间外出，无法摄入足量的绿叶蔬菜，也可以选择维生素片剂做补充。需要注意的是，市面上销售的维生素药品、保健品和售价几元的维生素药片的有效成分是相同的，除了因添加香精、色素、甜味剂而引起的口感的不同，没有别的区别。所以，选择普通的维生素片即可。

水是最好的运动饮料

水是对人体非常重要的物质,但是到底每天喝多少水合适,一直都有争论。我们建议每天的饮水量为每千克体重30ml,这个建议来自美国国家科学院医学研究所(IOM)。比如一个人的体重是60kg,那每天的饮水量应为1800ml。这和之前倡导每天喝八杯水的建议不同,因为体重分别是50kg和90kg的两个人,饮水量肯定是不同的。比如我的体重是90kg,如果每天喝8杯水,一定觉得口渴,水分补充不足。

要养成定时喝水的习惯,不要等口渴时再喝,口渴时机体已经处于缺水状态,并开始利用调节系统进行水平衡的调节,这时再喝水虽然可以补充丢失的分量,但并不是最好的时机。

充足的水分会增加活力,提升皮肤和筋膜的质量,保持肌肉和关节的润滑,还可以延缓衰老。因为生活中的脱水、压力影响会使筋膜和肌肉周围的结缔组织以及关节变得干燥甚至老化，水分充足可以延缓这个干燥的过程，提高肌肉组织的质量。另外，充足的水分可防止暴饮暴食。有时候感觉饥饿，其实也可能是口渴，这两个信号容易发生混淆。

有个简单的办法可以判断自己体内的水分是否充足，就是观察尿液的颜色。如果尿液很清澈或者是柠檬色，说明你体内的水分处于正常范围内。如果是深柠檬色或者苹果汁的颜色，说明你处于脱水状态，脱水可导致身体机能下降，这时必须立即补充水分。

我姥姥就是喝水特别少的类型，一天的饮水量不到800ml，除了吃保健药时喝水，其他时候几乎不喝。一次体检后发现她有血液黏稠症状，这种情况严重时可影响到人体重要器官的血液供应，引发心脏病和中风。

血液黏稠有很多缘由，其中一个就是饮水量不足。血液90%以上由水分组成。大量出汗、服用利尿剂、腹泻等引起的身体失水，都可能使血容量减少，使血液中的有形成分（红细胞等）相对增多，血液黏稠度也会随之增加。一旦饮水量充足，体内水分得到补充，黏稠的血液会很快得到稀释。

后来问姥姥为什么每天喝水那么少，她说看到报纸上说多喝水对肾脏有负担，可能引起水中毒，她特别相信报纸上的报道，从那时起就尽量少喝水。因为这件事我查了大量的资料，发现很少有人因大量喝水产生肾脏负担和水中毒现象，那是极少见的情况，并且更多的可能是本身有肾脏疾病的人才会发生。这条不靠谱的信息对我姥姥的生活产生了极大的影响，后来全家人一起劝说了很久，老人家才改变了想法，逐渐增加了饮水量，血液黏稠的情况也有所改善。

运动时，如果水分流失超过体重的2%，就会降低你的运动表现。随着汗液排出体外的还有电解质，主要是钠和氯离子，还有少量的钾和钙。所以，在运动中可以选择电解质饮料，如果不希望增加糖分的摄入就选择无糖的电解质饮料。

不建议选择含糖的饮料。如果不喝含糖饮料，每天摄入的糖分可以减少很多，这样也会让你的身体保持更好的状态。

也不建议选择含咖啡因的饮料，比如咖啡和茶，它们同样会对我们的身体产生影响。首先，咖啡因有利尿的效果，喝了大量的咖啡和茶之后，身体反而会排出更多的水分，越喝越渴，所以，口渴时不要选用含有咖啡因的饮料来补充水分。

其次，咖啡因是全世界最受欢迎的表现增强剂，是一种会让神经变得兴奋，从而驱走疲劳的神经刺激物。研究证明，咖啡因具有提高大脑灵敏度、反应速度以及注意力、耐力的功效。

研究显示，摄入每千克体重3~6mg的咖啡因，对运动员最有利。英国食品标准局建议人体每天的咖啡因摄入量不超过400mg，作为比较，一杯16盎司即450ml的现磨咖啡中含有330mg咖啡因，单份浓缩咖啡中含有75mg咖啡因，而一杯自制咖啡中则含有200mg咖啡因。

此外，咖啡因的半衰期是6个小时。这就是说，咖啡因保留在体内的时间有可能比你想象的更为长久。如果你能做到不在晚上摄入咖啡因，让自己在夜间睡得更香，当然最好。但是，如果你已经喝了一大杯咖啡，又在上班时喝了一杯现磨咖啡、几杯茶（一杯茶中的咖啡因含量为 25 ~ 100mg 不等），午饭时又喝了一罐可乐（含有 35mg 咖啡因），那摄取的咖啡因肯定是过量的。

大量摄入咖啡因会令人焦虑不安。如果血液中的咖啡因浓度过高，将导致入睡困难或睡不安稳。咖啡因还是一种容易让人上瘾的药物，如果每天大量摄入咖啡因，人体就会对咖啡因产生耐受力，需要越来越多的咖啡因才能达到醒脑的效果。

所以，把这几种常见的补水方式做了比较之后，我们发现，水才是最好的运动饮料。

饮食管理清单

1. 什么是精力饮食？

在精力管理的四个维度中，饮食是精力系统的"燃料"。饮食不科学，营养不均衡，怎么谈得上精力充沛？精力管理中的饮食管理并不是一味地减少饮食，而是制订适合自己的饮食方案，保证每天头脑清醒、精力充沛。

人体是一个复杂的系统，为保证整个身体系统的正常运转，要分别从碳水化合物、蛋白质和脂肪三个方面来寻找有助于提升精力的优质"燃料"。

碳水化合物		蛋白质			脂肪		
为人体提供热量	节约并保护蛋白质	肌肉原料	大脑、皮肤、内脏、血液等的主要成分	提高人体免疫力	修复细胞膜	促进维生素、抗氧化剂的吸收	增加饱腹感

精力饮食

2. 如何进行饮食管理才能做到精力充沛？

要保证精力充沛，需要从以下五个方面管理我们的日常饮食：

碳水化合物：摄入要适量，摄入过多会造成脂肪的囤积，从而引起各种疾病；摄入过少，无法为身体的正常运转提供足够的糖分。蛋白质：食用富含优质蛋白质的食物，以保证必需氨基酸的供给，比如牛奶、肉、鸡蛋、豆类等，这些才是我们的优质燃料。脂肪：尽量摄入优质脂肪，比如三文鱼、金枪鱼、鱼油、核桃、亚麻仁油、芝麻油等；避开劣质脂肪，也就是反式脂肪酸。脂肪酸的摄入标准，不在于优劣，而在于平衡。维生素：人体每天必须摄入足量的维生素，各类蔬菜尤其是绿叶蔬菜的平均维生素含量、种类丰富。无法摄入足量的绿叶蔬菜，也可以选择维生素片剂做补充。水：每天的饮水量不要少于每千克体重30ml，不要等口渴时再喝，口渴时机体已经处于缺水状态。

饮食管理

- 碳水化合物：摄入要适量
- 蛋白质：食用富含优质蛋白质的食物，比如牛奶、肉、鸡蛋、豆类等
- 脂肪：尽量摄入优质脂肪，避开劣质脂肪；摄入标准不在于优劣，而在于平衡
- 维生素：每天摄入足量维生素；无法摄入时，可以选择维生素片剂做补充
- 水：定量定时补充水分，每天饮水量不少于每千克体重30ml

Chapter 04

精力恢复
——会休息，压力也赋能

行百里者半九十，
差的就是这"十里"休息

在一个有关意志力的实验中，志愿者被分成三组：一组吃曲奇饼干，一组只吃胡萝卜，第三组什么都没吃，之后三组志愿者都被要求去解答一道实际无解的几何题。结果是，吃过饼干的第一组坚持的时间最长，而什么都没吃的第三组最容易放弃。

这个实验说明意志力也会疲劳，后来的诸多同类实验都表明，意志力是有极限的，即使在强大的压力下也无法透支，只能通过休息得到恢复。

精力管理也是如此，除了运动管理和饮食管理之外，还有一个非常重要的环节，就是恢复。现实中很多人都忽略了这个环节，甚至认为运动健身就是越累效果越好。

其实，想要在训练课上让学员在短短几分钟内累到吐，是非常容易的，可这是运动健身的目的吗？显然不是。我们的目的是运动后能在高强度工作中游刃有余，在工作之外还有精力去享受生活。为了达到这样的目的，在适量的运动之外，还需要充分的休息让身体恢复。

我有一个朋友为了让身体更健康，购买了私教课程，每周坚持健身3次，每次都增加有氧训练的强度，不断地挑战自己，训练结束后还经常熬夜工作。结果每次训练后第二天就发低烧，状态越来越差。她觉得很奇怪，不是都说运动之后体力会更好、精力会更旺盛吗？为什么自己运动了半天身体状况更糟糕了？

我跟她解释说，规律运动、合理饮食只是精力管理的一部分，从0到1的过程中不能缺少休息这个重要环节。行百里者半九十，差的往往也就是这不起眼的"十里"——休息。只有训练后进行有效的休息，身体才能有更好的表现。

那如何正确理解"休息"两个字呢？

首先，我们来界定一下休息的目的。我们应该"为更好的生活状态休息"，而不是"因为训练或工作过度疲劳休息"；休息是一种积极主动的选择，而不是不得已而为之。

其次，看休息的频次。休息绝对不应只存在于节假日，而应该存在于每一天。这句话可能很多人不太理解，他们会说："我每天下班回家后都是休息时间，看会儿电视、刷会儿手机、睡觉，这不都是休息吗？"其实，这都不是真正意义上的有效休息。

最后，看休息的效率。会休息是一种利用最短的时间缓解疲劳、让身体恢复到最佳状态的能力，唯有掌握了正确的休息方式，才能让自己有精力享受生活带来的乐趣。

休息是一项为工作赋能的技巧。我们常说：不会休息就不会工作。

真正的成功人士都特别重视自己的休息能力。例如 90 多岁的杨振宁至今都保持着清醒的头脑和活跃的思维，就是因为他在面对困难时，不硬熬、会休息。他的老师回忆说，杨振宁是一个时刻保持好奇心和新鲜感的人，在读书遇到难解的题目时，他的处理方式和其他学生不一样。大部分学生遇到难题时喜欢一鼓作气，解不出来就不休息。而杨振宁的方式是，放下笔出去走一走、让头脑清醒一下，过会儿回来接着做，再遇到卡点再休息，无论什么难题最终他总能解出来。

你看，休息和工作是不是相辅相成的？所以我们赋予了精力管理新的含义：充分休息 + 高效工作 = 活出想要的人生。

走走停停才跑得好人生这场马拉松

普通人比运动员更需要学会休息。这一结论看似反常，其实大有深意。

第一，专业运动员有保持身体巅峰状态的成熟的管理机制，而普通人没有。

专业运动员通常90%的时间都在训练，为了在训练时保持最佳状态，他们的作息计划都经过专业科学的规划，靶向就是三个：增强、保持和恢复状态，为短期的高强度竞技做准备。而要达到这种高标准要求，他们必须有极其完备而严格的日常作息程序设定，包括吃饭睡觉、训练休息、情绪控制、心理准备、保持专注、定期自查目标完成情况，等等。

这么科学、系统的作息计划，大多数普通人根本就接触不到也做不到。可是普通人也需要在每天8～12个小时的工作中做到出类拔萃，才有可能加薪晋升。这种工作强度不输于运动员的训练强度，却没有与之匹配的身体状态管理机制。

第二，专业运动员有集中爆发之后的"大保健"阶段，普通人却没有。

经过长达数月的高压力、高强度的竞技比赛后，运动员需要集中休养、疗伤和调整。因此在每年的比赛淡季，大多数专业运动员可以享受 4 ~ 5 个月的假期。

相反，普通人一年的假期加起来也不过几周。即使在休假期间，也不见得可以完全休息，因为总是有和工作相关的事情需要回复，还要考虑下一步的工作计划和目标。

第三，专业运动员可以拿青春赌明天，而普通人的人生注定要跑马拉松。

专业运动员的平均职业生涯为 5 ~ 7 年不等，如果财务管理得当，这一阶段获得的经济报酬，基本可以保证一生衣食无忧，只有极少数人需要在退役之后再找其他工作，继续谋生。

相比之下，普通人的工作生涯为 40 年左右，如果中途辞职就可能会失去基本的生活保障。

所以，充分休息对普通人来说，是人生得以正常继续的必需环节。那么什么才是充分有效的休息呢？

贪吃、失眠、焦虑……只是因为你累了

有一次，一位在机关工作的 1 岁孩子的妈妈向我咨询减肥的事。我了解了她的生活习惯后，发现影响她的体重的最重要的因素不是饮食，也不是运动，而是不会休息。

这位妈妈看起来每天都非常忙碌：早起做早饭、送孩子去幼托班、去单位上班、下班回家做晚饭、照顾孩子。一天当中没有属于自己的时间，所以，晚上哄孩子睡着之后她要看一会儿美剧，临睡前躺在床上要刷 1～2 个小时手机，直到 12 点或 1 点才睡着。通常第二天起床困难，总感觉睡不醒。相信这是很多职场妈妈的一日作息表。

那么在睡眠不足的情况下，要想有足够的精力工作就需要各种重口味食物的刺激，什么麻辣香锅、麻辣小龙虾、红油火锅、芝士蛋糕等，这些辛辣、重糖、重油的食物成为我们的"美食清单"。没有这些食物，就会感觉萎靡不振，生活失去了希望。同时这类重口味的食物会让我们胃口大开、食欲大增。

于是身体进入一个恶性循环：睡得越来越晚，吃得越来越多，口味越来越重。减肥、控制饮食成为一种奢望。

可见，暴饮暴食的一个重要原因其实是睡眠不足。

所以，正确休息的第一步就是保证充足的睡眠。解决了睡眠这个根本问题，才能谈吃什么、吃多少的问题。有人可能会说，既然控制不了吃，那就运动。事实上，如果在睡眠质量不好的情况下再运动，对身体并没有帮助，反而会导致身体更加疲劳，造成身体的过度损耗。

我发现很多人对正确的休息方式存在误解。我问这位妈妈，她所理解的休息应该是什么方式。她认为最好的休息是和朋友聊天或是窝在沙发里看美剧、刷朋友圈。那么这些是正确的休息方式吗？

之前就有人做过调查，一个人越困越累的时候，越想上网浏览信息，这就是我们为什么会越睡越晚、越来越累的原因。但研究结果非常明确——刷手机上网不能让我们得到休息，反而会让我们变得更累。

因为我们最重要的两个精力维度"意志力"和"专注力"都要从休息中得到恢复，但是刷朋友圈、看新闻、看美剧等这些所谓的休息方式，却在继续消耗我们的意志力或是专注力，所以每次做完这些事后反而更累了。我以前也是如此，午休时间总想找一个节目来听，结果午休的一个小时，都被我用来寻找喜爱的节目了。不但没有休息，反而更疲惫。

关于和朋友聊天是否属于休息方式，一位多伦多大学的研究者做过调查。他通过观察一百多位大学工作人员吃午餐的情况，发现如果跟同事一起吃午餐，不论其间聊天的内容是否和工作相关，都无法得到很好的休息，到下班时会非常疲惫；如果是和老板一起吃午餐，那情况更糟糕。

由此可见，这位妈妈自认为适合自己的休息方式都不是正确的休息方式，并没有缓解疲劳、补充精力。

我们需要知道，当我们精力不足、身心疲惫时，是因为我们的精力管理方法出现了问题，并不是生活本来如此，这时我们要做的是调整精力管理方式。有了足够的精力，就能出色地完成工作，在工作之余陪伴家人，甚至还有时间和精力完成自己的业余爱好，这才是我们想要的休息的效果。

睡眠是最好的医疗手段

对于运动员来说，休息好是刚性需求，所以他们的经验最值得我们借鉴。那么运动员认为什么样的休息方式最重要？

一位外国记者通过采访 40 名顶尖运动员发现：这些运动员有的平时做瑜伽，有的不做瑜伽；有的喜欢吃肉，有的不喜欢吃肉；有的喜欢吃偏热的食物，有的喜欢吃冰的食物。他们的生活习惯大多都不同，但唯有一件事是相同的，就是这些精力状态超群的顶尖运动员，都认为睡眠是最重要的休息方式，而且他们对待睡眠的态度非常认真。

万科公益基金会理事长王石曾在一次演讲上说，睡眠也是需要学习的，好的睡眠就是最好的医疗手段。他只要一闭上眼就能睡着，超过 3 分钟还没睡着就算失眠，而且在飞机或颠簸的汽车上都能睡得很好。对他来说，不管明天要面对什么，先要有个好的身体状态去应对。要有好的身体，除了健康饮食、合理运动之外，睡眠也是非常重要的一个因素。

怎样才能拥有优质睡眠？

要保证优质睡眠，在临睡前 90 分钟就要远离手机、iPad、电脑、电视等电子类产品。尽量减少暴露在电子设备发出的蓝光下的时间，这些蓝光会抑制褪黑素的分泌。

我最早是从脑白金的宣传广告中听到"褪黑素"一词，说脑白金通过改善褪黑素可以达到改善睡眠的效果。可是实验证明口服此类产品对改善睡眠没有效果。

那么褪黑素在人体中的作用是什么呢？这种激素最主要的作用就是调节昼夜循环，让你在晚上感觉到困，在早上准时醒来。另外，除了作为生物钟的功能外，褪黑素还是强力的自由基清除剂和广谱抗氧化剂，具有抗衰老的功效。

当你盯着手机、iPad 或是其他电子屏幕的时候，这些屏幕发出的蓝光就会抑制体内褪黑素的分泌，你就不会感觉到困意，一直到身体透支到无法再支撑任何消耗，才进入睡眠状态。所以，第二天无论早起还是晚起都会觉得累，恢复不过来。

《睡眠革命：如何让你的睡眠更高效》(*SLEEP : Redefine Your Rest, for Success in Work, Sport and Life*) 的作者尼克·利特尔黑尔斯（Nick Littlehales）曾经担任过足球皇马俱乐部、英国自行车队和 NBA 球队的睡眠顾问，为这些顶级运动员调整睡眠质量。他在书中提到过另外一个和电子产品相关的睡眠问题，就是电子产品带来的压力问题。

尼克·利特尔黑尔斯建议，如果你是发出消息后会苦苦等待回复的人，可以先把消息编好，等到第二天早晨起床后再发送，就像粘上邮票、准备寄送一样，这样做可以避免因为等待回复而无法入睡。是否联系别人、是否让别人联系到你，尽在掌控之中。这就像在告诉别人，晚上 10 点之后，你不一定能及时回复信息或者电子邮件。

当然，如果是亲友发来的信息，那情况就不一样了。或者如果你刚刚开始一段新的恋情，基本不可能在睡前一个半小时就远离手机，因为有可能会收到恋人发来的信息。如果没有及时回复，谁知道你会错过什么机会？但是，你可以关掉笔记本电脑、平板电脑和其他类似的设备，停止收发工作邮件；你可以不躺在床上使用高清音质的平板电视机观看场面火爆的动作片或玩射击游戏。简言之，在这一阶段减少电子产品的使用，将是一个良好的开始。

如果你能了解在整个白天大约多久查看一次电子设备，出于何种原因查看这些设备（包括信息、电子邮件、新消息、社交媒体——无论是否与工作相关），那么就向前迈进了一大步。苹果公司的统计结果是：苹果手机的使用者平均每天解锁手机 80 次。听上去似乎多了点，但如果注意一下自己多久解锁一次手机，就会发现这个平均次数是真实的。

如果我们尝试着在白天找到一段空闲时间，暂时离开电子设备一小会儿，并做一些让自己心情舒畅的事情，就能逐渐控制这种行为。比如在运动时，把手机放在旁边，让自己从不断回复各种信息的状态中解放出来；

在上班途中，可以放下手机，换成一本计划好久却始终未读完的书；和同事或朋友外出午餐时，把手机锁在抽屉里，让自己完全投入到美食和聚会中。这些方法都能让你的大脑暂时脱离电子设备、提高愉悦感。

等你习惯这样做后，就能自然而然地让远离手机成为睡眠前的例行程序，这样做本身对身心也是一种犒劳。

并且，还要确保在入睡前将手机关机。

深度睡眠修复身体，
快速眼动睡眠修复大脑

1942年，美国人平均每天睡7.9个小时，今天这个数字已经减少到6.8个小时。基于云端大数据发布的《2016中国人睡眠白皮书》显示，中国人的平均睡眠时长为7个小时，这个数字距离专家建议的充分睡眠时间7～9个小时，还是有一点差距的。白皮书中还统计了失眠的情况：失眠人群多达22.5%，其中2.3%的人存在严重的睡眠问题。

通过上面的数据可以发现，现在的人均睡眠时间越来越短。睡觉的理由似乎只有一个——让自己休息，而不睡觉、晚睡觉的理由有千千万万个，上网、刷朋友圈、吃夜宵、看书……我们似乎总能找到一个"神圣不可侵犯"的理由。

那么睡眠不足会引起什么问题呢？睡眠不足会引起记忆力下降、认知能力下降、判断失误、精力不足、难以重建身体最佳状态，等等。并且会带来暴饮暴食、内分泌紊乱、体重增加等后果，会引起一连串的恶性循环。

有人或许会说，我有太多事情要做，实在不舍得把时间浪费在睡眠上，可不可以每天只睡 4 个小时？

我们来了解一下睡眠周期就知道这种做法可不可行了（见下图）。

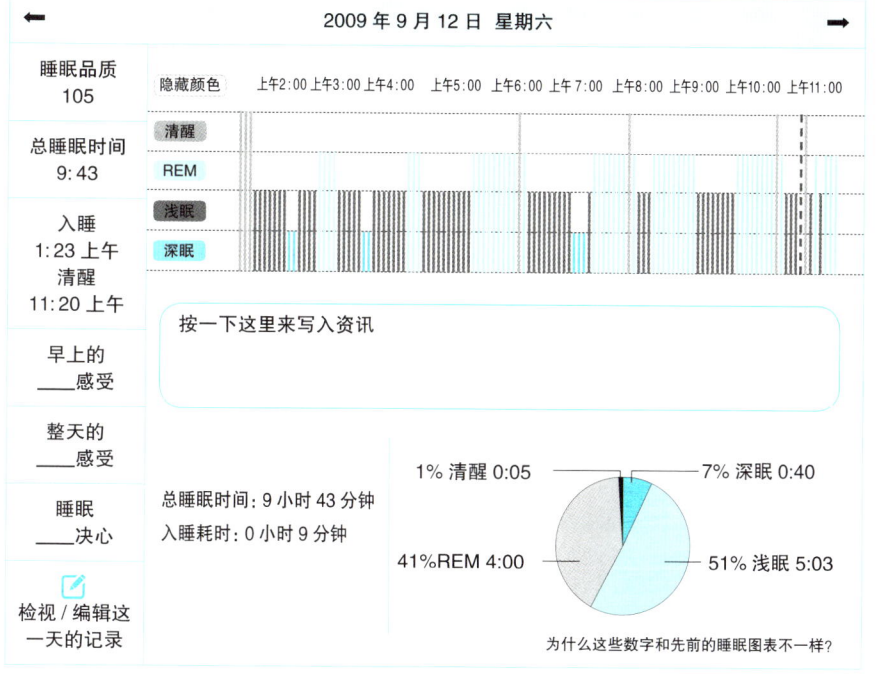

睡眠品质 105	2009 年 9 月 12 日 星期六
总睡眠时间 9:43	隐藏颜色　上午2:00 上午3:00 上午4:00　上午5:00 上午6:00 上午7:00 上午8:00 上午9:00 上午10:00 上午11:00
入睡 1:23 上午 清醒 11:20 上午	清醒 / REM / 浅睡 / 深眠
早上的＿＿感受	按一下这里来写入资讯
整天的＿＿感受	
睡眠＿＿决心	总睡眠时间：9 小时 43 分钟　　1% 清醒 0:05　7% 深眠 0:40 入睡耗时：0 小时 9 分钟　　　　41%REM 4:00　51% 浅眠 5:03
检视 / 编辑这一天的记录	为什么这些数字和先前的睡眠图表不一样？

优质睡眠的范例

劣质睡眠的范例

本图选自提摩西·费里斯（Timothy Ferriss）的《身体调校圣经》(The 4-Hour Body)

睡眠包括快速眼动睡眠（Rapid Eye Movement，简称 REM）和非快速眼动睡眠（Non-Rapid Eye Movement，简称 NREM）。其中非快速眼动睡眠又分为浅睡眠和深度睡眠。人体的正常睡眠是由很多睡眠周期组成的，在一个周期中 REM 和 NREM 会交替出现。从上面的图片中可以看到，深灰色区域浅睡眠、深蓝色区域深度睡眠和浅蓝色区域的快速眼动睡眠是交替出现的。经常佩戴心率手环的人可以发现，隔天的分析数据上会有三个数值：平均深睡眠时间、平均浅睡眠时间和平均清醒时间，其中睡眠分为深睡眠和浅睡眠不同的状态。

不同的睡眠状态对身体的作用也不同。

刚入睡时，人体处于浅睡眠期，之后过渡到深度睡眠期。人体进入深度睡眠后，心跳很慢，呼吸沉稳，睡得很香甜，有的人会打呼噜。这时，劳累了一天的肌肉组织和骨骼完全放松，整个身体组织进入深度修复状态，免疫系统也会得到加强。

深睡一段时间后，就会进入快速眼动睡眠阶段。这时，心率变快、血压升高、大脑进入高速运转状态、全身肌肉更加松弛、眼球一直在快速运动，做梦通常就发生在这个睡眠期，并且还能在睡醒后留下印象。

在此时醒来的话，也能很快继续入睡，这也是为什么有些人说自己做梦做到一半醒了，接着睡着的话还能延续之前的梦境。

快速眼动睡眠与深度睡眠的不同在于，前者肌肉更加放松，大脑极度活跃。可以说深度睡眠主要放松的是脖子以下的肌肉，而在快速眼动睡眠期，人体的全身肌肉都可以得到彻底放松，大脑对白天获取的零散状态的信息开始进行加工处理。

快速眼动睡眠对我们来说格外重要。为什么呢？在身体完全放松的这个时期，大脑仍在繁忙地工作着，而且极其活跃。一方面，大脑使记忆免受其他信息的干扰，强化为长期记忆；另一方面，对白天获取的信息重新梳理整合，深化理解。很多人在梦中找到灵感，并不是没有科学依据的。

总的来说，深度睡眠让我们的身体修复充电，而快速眼动睡眠让我们的大脑整理升级，二者缺一不可。

那么如何获得更多的快速眼动睡眠呢？

就是睡够 8 个小时。

你有没有发现我们往往在快天亮的时候开始做梦，梦醒后还能记住一些片段？这就是快速眼动睡眠的特征——多梦。实验证明，睡眠时间越充分，快速眼动睡眠时间的占比越大，越能获得真正的黄金睡眠。

打算每天睡 4～5 个小时的朋友是不是可以打消这个念头了？

数据化睡眠优化方案

比睡眠时长更重要的是,保持睡眠时间的一致性。

2017 年的诺贝尔生理学或医学奖获得者从果蝇身上分离出一种基因,这种基因用于控制果蝇的日常生物节律。研究者表示,这种基因可以使得果蝇在白天时对体内的一种蛋白质进行编码,使它们聚集,到晚上则进行降解。随后,研究人员又发现了这种机制的其他蛋白质组分,从而揭示了到底是一种怎样的机制使得细胞内的生物钟持续工作。这种实验结果同样适用于人类。

在一天之中的不同时段,我们体内的生物钟对各种生理功能进行着非常精准的调节,例如行为、激素水平、睡眠情况、体温以及新陈代谢等。当我们所处的外部环境和我们体内的生物钟不匹配时,我们的身体就会马上反应出不适,比如乘机穿越数个时区导致的"时差"。此外,还有迹象表明,如果我们的生活方式与生物钟出现偏差,患上各种疾病的风险也会随之增加。

就像我们工作时总想知道日程安排一样，我们的身体也很想知道它的睡眠安排：有多长时间可以用于睡眠，什么时间段可以入睡。一旦形成了规律，身体就会制定出一套时间表，分配好深度睡眠、浅睡眠、快速眼动睡眠的时间，确保我们每天准时自然醒来，并感觉到精力充沛。

那么怎样建立睡眠规律呢？

我的一个朋友曾经认为他每天睡 4 个小时，照样可以精力充沛地工作。不管熬到多晚，早上起来一杯咖啡就可以唤醒身体、激活大脑，开始高强度的任务处理。每次我们聊起充分睡眠的重要性时，他都不相信。直到佩戴了电子手环后，他才知道自己在睡眠不足的情况下，看似饱满的精神状态是以心跳次数的激增为代价的。

早上起床时，心脏应是由慢到快慢慢苏醒的，而他在早上起床时，心脏像是经历了心肺复苏，直接进入了快速运转状态。

为了形成正确的睡眠规律，我给他的建议是观测一周或更长时间的睡眠数据，找到深度睡眠、眼动睡眠的曲线，建立睡眠时间的一致性，循序渐进地调整，直到达到最好的状态。例如本周睡眠跟上一周对比，不同睡眠状态的时长是多少，静态心率变化曲线是什么情况，下周做出相应的调整，保持规律的作息安排。

如何根据手环提供的数据，分析自己的睡眠质量呢？

第一，看睡眠量。

首先，把两周的睡眠数据放在一起，可以看到每周的平均睡眠时长是多少，睡眠总量够不够，根据这些数据可以对自己的睡眠质量做出评测。比如专家建议每天的充分睡眠时间为8个小时左右，也就是一周60个小时左右，如果数据显示一周的睡眠时长总和只有48个小时，平均每天睡眠时长不到7个小时，那本周的睡眠略微不足。其次，我们还可以看到在哪几天睡眠严重不足、睡眠有没有规律。例如每个周五晚上有固定聚会，或者每个周三是提交计划案的时间，这些周期性的事务导致了睡眠缺乏，从中找到原因就可能找到了解决方法。

这个朋友对自己的手环数据观测了一段时间后，发现每周五晚上都会熬到后半夜，一回想，原来每周五晚上都有聚会。但他常常在周六、周日依旧睡眠不足，没有对周五严重不足的睡眠做任何补救。一周的睡眠时长总和是42个小时，平均下来每天只有6个小时。

针对这种情况，我对他的建议是：既然每个周五的应酬时间是不能改变的，在周六就要有意识地补充睡眠，调整状态。

第二，看眼动睡眠和深度睡眠的占比。

我们前面讲过，眼动睡眠占整个睡眠时间的比例越高，越能从睡眠中获得充分的休息。需要保证完成8个小时睡眠的意义，就是增加眼动睡眠的时长。眼动睡眠是大脑对白天的零散信息进行梳理记忆、归整合并的阶段。

我们从这位朋友的手环数据中，发现他的眼动睡眠时长明显不足，所以第二天起床昏昏沉沉，上班状态不佳。补救方式就是中午打一个盹，或者第二天晚上提早入睡。

有了具体数值做参考，就知道自己不在状态的睡眠原因是什么，应该从哪里着手改善了。

如果某天起床时感觉整个身体很僵硬，这是因为深度睡眠不够。需要做的是伸展练习，让身心更舒服一点。

如果某天运动强度被迫降低，比如原来每天俯卧撑的极限个数是20个，做了15个就体力不支了，或者举哑铃的重量变小了，又或者注意力不集中，这大多是因为睡眠不足导致的。这时就不建议做力量训练，而应该主动地让身体及时放松，比如找个地方补觉就是一个不错的方法。

按照这个方法调整了一个月左右，他形成了稳定的睡眠状态，并且非常清晰地知道自己应该在什么情况下增加睡眠时间，遇到突发情况怎么解决。找到了自己新的规律和方法，按时入睡，按时醒来，精力和身体的整体状态得到了明显的提升。

我身边的很多朋友每天都要应对各种随机安排，工作中充满各种不确定性，都在改善睡眠、保持一致睡眠时间和习惯后，其决断力、洞察力明显得到了提升。即便在一段时间中满负荷运转，也能精力饱满地进入工作状态。

自然入睡，自然醒来，胜任工作并享受生活，我们想要的掌控感也不过如此。

很多时候自己对睡眠问题感到茫然无措，所幸数据会帮你找到解决睡眠问题的规律和方法。

小睡 25 分钟，判断力提升 35%

对于现代人来说，保证每天规律作息是很难的一件事。总会偶尔有几次身不由己的无法按时入睡、无法保证充分睡眠、睡眠不足和睡眠不规律。遇到这种情况怎么办呢？如果一周睡眠不足，如何进行补救？据科学家实验发现，一周之内晚睡最好不要超过两次，在这种情况下做一些补救，精力还是可以恢复的。

我有个同学是一位体育老师，抽烟、喝酒、熬夜，说起来是个生活习惯很差的人。但是他的身体状态一直都很好，是我们同学里面精力最旺盛的一个。我一直都无法理解，这么能消耗身体的人，怎么能一直保持充沛的体力？这不科学。

后来发现，他有一个自己的秘诀，周六、周日全天都在睡觉。这就是他的恢复机制：周一到周五消耗，周六、周日修复。

他找到了适合自己的修补方式。这种修补方式的好处在哪里？睡眠时间足够长，睡眠过程依旧涵盖了深度睡眠和快速眼动睡眠，得到了真正的身心修复。

这种方式对于我们也同样有效，前一天熬夜，第二天就用大量的时间补眠。例如提前就寝，延长晚上的睡眠时间，这种及时修复的方式是最好的补救。

那打个盹儿，午睡一会儿管不管用呢？

准确地说，午睡并不能使身体和大脑得到深层修复，但也有快速清理内存的效果，相当于让大脑关机又重启了一次，能使精力状态得到快速缓解。爱因斯坦、拿破仑、牛顿、肯尼迪、丘吉尔、达·芬奇等都有午睡的习惯。美国国家航空航天局（NASA）做了很多有关打盹儿的实验，发现小睡 25 分钟，就能让判断力增加 35%、机警能力增加 16%。

但需要注意的是，打盹儿和午睡时间不要超过 30 分钟，保持浅睡眠状态，才能起到快速清理内存、重启的效果，哪怕只是闭着眼睛养养神也可以。如果超过 30 分钟就会进入深度睡眠状态，这时被叫醒，反而会引起反应力、判断力的下降，就失去了帮助精力重启的作用。

人体蓄能密码：深呼吸

我们来尝试一下，找准身体的正中线，左手放在胸口位置，右手放在肋骨下位置；深深吸气，右手所在位置能感觉到鼓起；然后左手位置微微松开，吐气；整个身体会微微下沉，慢慢放松下来。如果没有深深吸气，而是吸得很浅，只吸到胸腔就吐出去了，身体就感觉不到完整而彻底的放松。

为什么深呼吸这么重要？

第一点，也是很多书里都强调过的一点，我们唯一能够调控的一个内脏器官就是肺部，而调节肺部的方式就是深呼吸，浅呼吸对肺部的调节是微乎其微的。

第二点，深呼吸可以调动人体的副交感神经。和交感神经负责应激不同，副交感神经主要负责放松身体和消化吸收，这两者对我们来说特别重要。

我们在测试中发现，很多企业家的副交感神经兴奋度很低，他们的大脑一直在高速运转，处在打或逃的应激阶段，甚至在暂时休息时，大脑里的应激水平仍然很高，紧张程度丝毫不减。我们还发现，用脑比较多的人，身体肌肉也比平常人紧张，会感觉到更疲累。

有人可能对应激感受的认知不明确，那我就用自己练习拳击时的状态举个例子。

我们站在一个很小的拳击台上，两个人练习对打，每次练习只有3分钟。刚开始练习的时候只有最简单的出拳和防守动作，但3分钟的练习过程中，整个人高度紧张。经历过后才知道这短短的3分钟有多么可怕，你不知道对方的拳头会从哪个方向打过来，不知道下一秒会发生什么，即便对方只有左直拳和右直拳两个动作而已。练习结束以后，我浑身是汗，疲劳感像潮水一般涌上来，这就是大脑始终处于应激状态导致的疲惫不堪。

还有我们在玩游戏时，在最后决胜负的几秒，肾上腺素极度飙升，而交感神经就跟肾上腺素有关。在游戏过程中过于紧张，游戏结束之后就会觉得身体特别疲乏，全身肌肉都会酸痛。

那么我们强调主动恢复的目的是什么？就是不断地强化副交感神经，让身体能够主动地放松下来，得到恢复，然后在需要它的时候，再把全部精力调动起来。说得直白一些，主动恢复就如同身体在蓄能。

很多人长期进行高强度工作，天天都是打鸡血的状态，不懂得休息和放松，维持不了多长时间身体就会出现问题，甚至有的人会突然病倒。

如果分析精英运动员和我们的差距在哪里，我认为并不是勤奋程度，而是他们更会放松、休息，更懂得劳逸结合。

深呼吸是一个可以随时使用的放松方式。不信的话，现在请你合上本书，连续做 15 次深呼吸，感受一下自己的身体是不是慢慢放松下来了。

这两年我们发现很多专业的心率手表上都有了呼吸这个指标，苹果手机上也出现了正念 App，告诉你如何正确地去呼吸，那么正念能够给你带来什么？

我认为是好的运气。

苹果、谷歌员工都在用的战略性休息

用过心率手表的朋友会发现，在每次跑步之后，心率手表都会弹出一个框，显示着跑步之后身体需要恢复的时间，这个恢复时间是根据跑步时的心率变异度测算出来的。

饱瘦训练营的学员的运动强度都差不多，但运动后的恢复时间却不一样。身体状态越好的学员，需要的恢复时间越短。而同样跑了4km，随着心肺功能的增强，需要的恢复时间也会越来越短。

那恢复期间除了睡眠之外，我们还可以做什么？

想要恢复得更快、效果更好，我们可以主动做一些帮助身体恢复的运动。

有人看到这里会说，难道运动不是让我们消耗能量吗，还能帮助恢复能量？当然可以。

低强度运动比如走路或慢跑都有助于身体的恢复。比如，肌肉训练产生的乳酸和废物本来需要一两天才会被完全代谢，而低强度运动可以促使乳酸随着能量代谢加速排出体外，帮助肌肉恢复。所以，在肌肉训练之后再走 20 分钟，你会发现原来沉重的腿部越来越轻松，这 20 分钟的低强度运动加快了肌肉恢复的速度。这种主动帮助身体恢复的方式叫作主动休息。

主动休息除了运动后的这种恢复方式之外，还有工作疲劳状态下的合理切换，这也是一种主动休息方式。

我有一个朋友原来在会计师事务所工作，工作强度非常高，他的一位女上司怀孕后也没有休假，一直工作到临产，而且工作效率和状态丝毫不打折扣。这位女上司在怀孕期间仍然有这么旺盛的精力令大家都觉得惊奇。后来我的朋友发现，这位女上司的办公室里有一张沙发，她每工作一段时间就会躺在沙发上放空。这种方式类似于番茄工作法：25 分钟工作，5 分钟休息。工作时候像超人，而休息时像死人，专注力非常高。这种节律性的工作—休息—工作的切换方式，让大脑有规律地高速运转—清空—重启—高速运转。这位女上司之所以具有超人的精力状态和工作效率，正是因为她制定了有战略性的主动休息的方式。

有人可能会说，我工作起来就停不下来，无法自拔，没有办法说放空就放空。尤其是苹果、谷歌这样工作强度非常高的公司的员工，往往身不由己。建议这类人试一下谷歌员工都在使用的冥想休息法。

冥想最早是瑜伽大师们使用的一种方法，英文叫 meditation，来源于 mindfulness（"正念"），说得通俗一点，类似于佛学中说的"活在当下"。

有一次我和一个朋友聊起哲学中经常谈论的"我是谁"这个话题，她提出了一个很有意思的想法。她说，身处纷纷扰扰的尘世中，我们在每个瞬间都要面对大脑中涌现的亿万个念头，面对周遭围绕的爆炸性信息，有些精力充沛的人会让这些信息和念头自行消融，放走的就完全抛在身后，不再对自己造成任何影响；而有些人让身心成为一个容器，把这些纷纷扰扰都留下成为自己的困扰和烦恼，变得保守而沉重。

留存哪些信息、放走哪些信息，看起来是无意识的选择，实则对很多人来说是一种困扰。而冥想可以很好地帮助我们处理这种困扰，做到有舍有得、了无牵挂。

脑科学家们做过这样一个实验：

让经常做冥想的人和不做冥想的人同时接上功能性磁共振设备，实时观测他们大脑的活动变化。在受试者毫无防备的情况下，实验人员突然用火燎了一下他们的腿部，所有人都"嗷"的一声，这是受到惊吓的正常反应。

接下来实验人员发现，不做冥想的人在之后很长一段时间内大脑中的"杏仁核"区域活动剧烈，一直在经历强烈的感情波动，完全沉浸在对疼痛的恼怒、提防之中，这种状态持续了很久才消失。

而经常做冥想的人在"嗷"了一声后，就没有明显的情绪波动了。被火燎的当下过去了之后，再也不会绑架他们的情感，当然也不会影响他们休息。

我们都知道,大脑的前额叶皮质是负责理性判断和自主选择的关键区域,有研究发现,长期进行冥想训练的人的大脑前额叶皮质中的灰质增加了。也就是说,通过冥想有可能获得更发达的前额叶皮质,从而让人能更好地控制自己的选择,尤其是不为感情所干扰。

冥想:让精力模式从耗散变为生发

那具体怎么做冥想呢?有一种非常简易的冥想法(如下图所示):

第一步,找到一处安静的不受打扰的地方盘腿坐下。

第二步,闭上眼睛,全身精力专注于呼吸,双手轻松自然地放在两个膝盖上。

第三步，用腹部呼吸，深深吸气，腹部内收。

第四步，吸到最大，屏气。

第五步，缓缓呼气，还是腹式呼吸，腹部外松。

第六步，呼出全部，屏气。

如果在冥想的过程中，大脑中冒出别的想法，不用刻意回避，承认这个想法，然后把它放走，意识始终关注的是呼吸。

可以设置一个闹钟，从每天1分钟开始，逐渐增加时间。很多心率手表都有这项功能，让手表帮助你控制一呼一吸，便捷有效。

不必限制一呼一吸的时长，尽自己的最大可能。长期练习，专注力、意志力都会有明显提升。

为什么冥想中的呼吸有这么好的效果呢？

这要从神经分类说起。我们的神经分为两种：一种是交感神经，一种是副交感神经。交感神经负责"打或逃"，让我们在应激状态下紧张起来；副交感神经负责放松。在冥想呼吸中，一呼一吸刺激的就是副交感神经，让你卸掉压力，调整状态。

我们可以尝试一下，在长时间深呼吸之后，身体是不是越来越放松？有一次和朋友讲完了这个理论后，让她现场尝试1分钟深呼吸，然后询问她的感受。她回答说："感觉快睡着了。"

所以，在你觉得压力爆棚、特别亢奋的工作状态下，在你觉得无法集中精力、胡思乱想的时候，可以做几次深呼吸，让副交感神经兴奋起来，就可以把身体从耗能模式拉回聚能模式。

我们观察一下就可以发现，任何处于专注状态下的人都是平静的，而不是亢奋的，心流出现时伴随的是高度的专注和愉悦，可以心无旁骛地投入当下。在平静状态下能量不会耗散，可以永远保持新鲜和好奇。

我更推荐在晚上临睡前做冥想，可以帮助自己卸掉一整天的压力，让你快速入睡；这种活在当下的休息方式让你在第二天的工作中不再有压力积累，是一个调整过的全新的状态。

我和大家分享一个帮助自己感受冥想效果的小方法——能够测算压力指数的心率手表。

每个人对压力的体验是不同的。之前我一直不清楚自己的压力边界，在佩戴了心率手表之后才知道，很多我自认为轻松的时候，其实压力已经爆表，也就是说由于长期处于交感神经兴奋状态，我把应激状态已经当成了常态。

一旦有了压力数据，你就会产生斗志，给自己制定目标去改善压力值。当压力分数从 90 分下降到 70 分，然后慢慢下降到 60 分、50 分，就会逐渐建立正反馈，并知道从哪里入手改善。实践证明，这种方式对身体状况的改善非常明显，甚至解决了困扰我多年的皮肤问题。

筋膜放松：联通精力复原网

按摩也是一种很好的放松方式，其中筋膜放松是一种特别的自我按摩方法。

筋膜是贯穿身体的一层结缔组织，包绕着肌肉、肌群、血管和神经。筋膜分为好几层，分别叫浅筋膜、深筋膜、内脏筋膜，它们绵延不断地贯穿于身体上下。

我和朋友们聊天时总喜欢这样来解释：筋膜就是各种筋和膜相互联结，在人体中构成一张完整的纤维网络，它就像是包裹着全身的一层四通八达的膜。虽然这样说不太准确，但有助于我们更好地理解筋膜的特性。那这层膜为什么能用于放松调节呢？运动"反馈—控制"机制是怎么建立的呢？

德国神经生物学家罗伯特·施莱普（Robert Schleip）发现，结缔组织的形变会间接引起肌肉收缩。就像大家所熟知的膝跳反射，就是通过刺激股四头肌肌腱引起股四头肌收缩，出现伸膝动作，属于肌腱引起的腱反射（刺激肌腱、骨膜引起的肌肉收缩反应，因反射弧通过深感觉感受器，又称深反射或本体反射）。

有研究发现，筋膜可以独立收缩，能够影响肌肉的力学性能。所以，用脚心踩着按摩球来回滚动时，能感受到全身的肌肉慢慢放松了下来。可见筋膜就是一张牵一发而动全身的精力复原网，用得好对身体恢复非常有帮助。

说到如何利用筋膜达到放松的效果，就要讲到一个工具：泡沫轴。

我曾经在虎嗅上看到过一期关于伊隆·马斯克的访谈。访谈中马斯克突然拿出了一个泡沫轴，放在后背滚动了起来。很多了解泡沫轴的朋友在弹幕中写道："原来外国人也需要大保健啊！"

其实这不是什么大保健，这是一种非常先进的身体复原方法，最早用于职业运动员在高强度训练和比赛后的疲劳恢复。

长时间的肌肉僵硬会引起后背肌肉、手臂肌肉等各个部位肌肉的僵硬，一活动起来关节就发出"咔吱咔吱"的响声，这时就需要让紧张的肌肉放松下来，而最好的放松方式就是滚泡沫轴。

泡沫轴之所以能使紧张的肌肉得到放松是利用身体自我抑制的原理——利用自身体重使泡沫轴在肌肉上产生一定压力时，肌肉张力便会增加，从而让肌腱位置的肌张力变化感受器——高尔基腱器官被激活，进而抑制位于肌肉纤维内的肌肉长度变化感受器——肌梭，由此降低该组肌肉及肌腱的张力，最终放松肌肉、恢复肌肉功能性长度及提高肌肉功能性。

有人看到这里可能会说，降低肌肉张力用拉伸的方式不就可以了吗？拉伸增加的是肌肉的长度，而筋膜按摩可以调整肌肉的紧张状态。我们的肌肉不只需要强壮，还需要柔软，才可能保证身体和精力始终处于最佳状态。

需要特别强调的是，用泡沫轴直接在肌肉上滚动能加快血液循环，加速代谢物吸收，更能减少筋膜组织粘连及疤痕组织堆积，对于保持一个姿势久坐不动的上班族来说，再实用不过了。

前段时间网剧《白夜追凶》热播的时候，网友们都在讨论：一看男主就是个宅男，天天在家伏案工作，几乎不出门。为什么呢？长期伏案不运动的人的后背筋膜组织呈粘连状，肩背部肌肉处于紧张和错位状态，时间久了就变成了圆肩弓背。

这种状况不是单靠举铁、跑步训练就可以解决的，一定要先把小细节肌肉都放松开。我给饱瘦训练营的学员上课时，都会安排10～15分钟的筋膜按摩时间，让全身肌肉放松之后再开始运动。这个准备工作一定要做得充分，而且不需要别人帮助就可以完成。

有人会说，为什么不让别人帮忙用泡沫轴按摩呢？用泡沫轴按摩是一个非常享受的过程，由他人操作反而会因力度不好把握，达不到预期的效果。

用泡沫轴给自己按摩的时候，要清空大脑，抛开杂念，把注意力集中在皮肤或肌肉上，要用心去体会和感知，感受到哪里有痛点，要慢慢地在痛点上滚动。

这种方式不只适用于运动前和运动后，平时工作中的休息时间也可以使用。除了泡沫轴，站起来用全身重力踩一踩按摩球也有很好的放松效果，而且更加便捷。

使用泡沫轴放松的技巧主要有两种：

静态放松方法：将泡沫轴放置在需要进行放松的肌肉上，慢慢滚动到最敏感的痛点位置，停留 30 ～ 60 秒，直到疼痛程度降低 50% 以上，再换到另一个痛点。

动态放松方法：将需要进行放松的肌肉置于泡沫轴上，利用自身体重反复在泡沫轴上缓缓滚动 10 ～ 15 次。

筋膜"网络"的改善是一个缓慢而持续的过程，一定要坚持按摩放松，即使每周安排两次、每次几分钟针对筋膜的训练，只要方法得当，都会有效。当然要感受到明显的效果可能需要比较长的时间，6 ～ 48 个月不等，这比肌肉力量训练需要的时间多。

4 种不起眼的高效充电模式

冥想锻炼的是心智"活在当下""去留随意"的能力，对于脑力劳动者来说，就像安装了格式化软件，让大脑常用常新。

还有一些我们平时不经意间采用的、没有赋予休息意义的方法，也可以提到战略性休息的高度上，增加大脑的休息弹性。

第一种模式，散步。

如果我们留心很多著名作家和思想家的经历，会发现他们有几个共同的喜好。

一是泡咖啡馆——仿佛咖啡馆就是灵感触发地，《哈利·波特》的作者也罢，《社会契约论》的作者也罢，作家们都喜欢坐在咖啡馆里奋笔疾书；二是散步，苏格拉底、康德、萨特都喜欢一边散步一边思考；还有参加聚会沙龙，从18世纪法国非常著名的贵妇沙龙到20世纪国内的太太的客厅，都是信息交流、思想交锋、集体批评的场所。

后两点对我们现代人来说同样适用。

首先来说散步。曾经有人做过实验，在户外散步时的创造性水平比在室内坐着时提高60%，即使在室内散步时的创造性水平也比坐着时提高40%。散步在活动肢体的同时，可以让身体得到积极的放松和休息，还可以增加大脑的供血量。更重要的作用是散步给持续紧绷的大脑提供了一个恰到好处的"打扰"——间断当下的工作，适度清空缓存信息。

第二种模式，和朋友聚会聊天。

和朋友围在桌子旁边喝酒、吃菜、聊天，没有业务压力，没有功利心，只是闲谈，吸收营养的同时还可以增进感情，缓解自己的孤独状态，不失为一种很好的放松、减压方式。

第三种模式，回到大自然中去。

经常听到有孩子的朋友说，孩子在家里和在大自然中完全是两种状态。在大自然环境中，孩子的天性得到了释放，笑容也比平时灿烂，亲近大自然对孩子的情感、智力、身体都有好处。对于每天身处于喧嚣浮躁的我们，更需要经常亲近大自然。大自然可以倾听我们的心声，容纳我们的所有情绪。大自然带给我们的放松效果是深刻而长久的。

如果我们无法随时回到大自然中去，也可以用欣赏山川美景图片来替代。有研究显示，盯着大自然图片看6分钟，就能让你的大脑得到明显的放松。所以，在办公室摆放一幅风景画或者把电脑桌面设置成怡人风景都是不错的选择。

第四种模式,休假。

集中一段时间放假休息,对于消除压力、补充精力是非常必要的。

但是要选择好休假的时机。

例如在签完一笔大单、集中攻坚完一个项目等需要集中消耗精力的工作完成后,给自己一个对等的时间休息一下,让疲惫的身心重新复苏。

休假时间不宜太长,7~10天比较适宜。充电完成后,可以让你在之后1个月左右的时间内都不会感觉疲惫。

休假期间的日程不要安排得太满,可以选择一些轻松又健康的休闲方式。比如听音乐、做瑜伽、爬山等,尽量不要选择泡吧、刷连续剧、打游戏这类剧烈又消耗注意力的活动。

休息管理清单

1. 如何正确理解休息？

休息是一项为工作赋能的技巧：休息的目的是"为更好的生活状态休息"，而不是"因为训练或工作过度疲劳休息"；休息是一种积极主动的选择，而不是不得已而为之。休息不应只存在于节假日，而应该存在于每一天，看电视、刷手机、玩游戏……都不是真正意义上的有效休息。会休息是一种利用最短的时间缓解疲劳、让身体恢复到最佳状态的能力，唯有掌握了正确的休息方式，才能让自己有精力享受生活带来的乐趣。

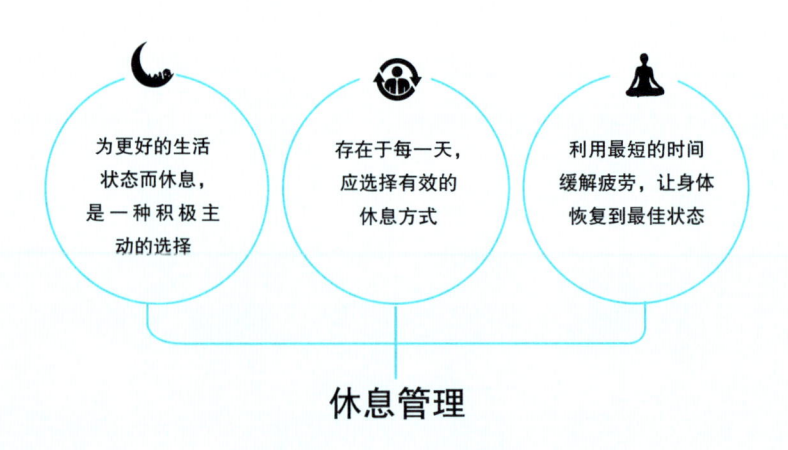

- 为更好的生活状态而休息，是一种积极主动的选择
- 存在于每一天，应选择有效的休息方式
- 利用最短的时间缓解疲劳，让身体恢复到最佳状态

休息管理

2. 什么是正确而有效的休息管理？

充分休息 + 高效工作 = 活出想要的人生，这才是精力管理的含义。休息和工作是相辅相成的，充分休息是人生得以正常继续的必需环节，但是很多人对正确的休息方式存在误解。正确的休息方式应该是充足的睡眠、冥想、筋膜放松等缓解疲劳、补充精力的方式，而不是继续消耗精力的方式。

优质睡眠
保证充足睡眠是正确休息的第一步

冥想
疲劳状态下做合理切换，使压力清零

有效的休息方式

快速充电方式
散步、聚会聊天、回到大自然中去、休假

筋膜放松
放松紧张的肌肉，使身体复原

3. 如何保证优质睡眠？

优质睡眠是休息管理最重要的一环。当睡眠不足时，身体会进入一个恶性循环，造成身体的过度损耗，精力管理更是无从谈起。

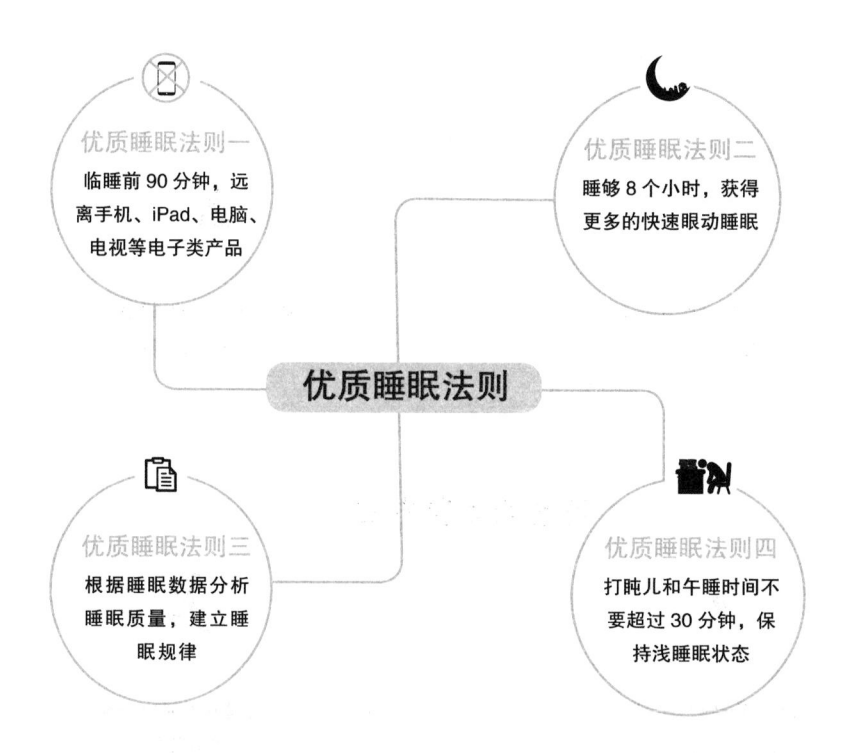

优质睡眠法则

- **优质睡眠法则一**：临睡前 90 分钟，远离手机、iPad、电脑、电视等电子类产品
- **优质睡眠法则二**：睡够 8 个小时，获得更多的快速眼动睡眠
- **优质睡眠法则三**：根据睡眠数据分析睡眠质量，建立睡眠规律
- **优质睡眠法则四**：打盹儿和午睡时间不要超过 30 分钟，保持浅睡眠状态

心态是精力管理的基石

认清初心,保持专注

减少情绪内耗

让精力管理效率最大化

Chapter 05

精力心法
——变化的世界，不变的原则

焦虑不源于未知，而出于不自知

精力管理分为如何生成优质精力和如何优化使用精力。

关于优质精力的生成，离不开两点：

一是饮食。食物为人体精力系统提供燃料，优质的燃料是人们保证精力充沛的前提条件。

二是运动和休息。精力系统的每个齿轮精密润滑，才能把油箱里面燃料的能量有效转化，并最大限度地利用起来，保证系统能够高效运转。同时合理休息，定期保养，让系统保持高效、节能地运转，才能优化使用饮食提供的燃料，产生势能。

拥有相同充沛的精力、同等的运动量和休息时间、相同的饮食方式，为什么有的人容易感觉到疲惫、忙忙碌碌一事无成？而有的人一天之内可以有充分的精力去完成工作、陪伴家人，还开展一些自己的爱好、进行一些娱乐活动？因为不同的人在精力使用方式上存在着差别。科学地讲，谈如何生成优质精力，就必须弄清楚怎样使用精力。

吃饭、运动、休息……都是精力的使用途径。

那如何使用精力才高效呢？

从心态上做到认知清楚，知道自己要什么，也就是明白应该把精力用在哪些方面。

知道怎么使用、怎么分配，是主动使用还是被动分配。

在想清楚这两个问题之后，你就会发现，专注是最高效的使用精力的方式。

饱瘦训练营的学员微信群里有一位特别爱跟人打赌的小伙伴，打赌的内容是自己每天减掉的体重。她经常可以一两天内只喝水、不吃任何东西，体重减少了 2～3 千克后，就得意地在群里炫耀："我可以很轻松地控制自己的体重。"

但事实上，只要她连续两顿暴饮暴食，体重很快就会回升。

努力节食和暴饮暴食的恶性循环就这样一直复演下去，对于饮食管理的混乱无序，在很大程度上也影响了她的精力状况，她很累，我看着也累。

我忍不住问她："这样累不累？你想要的到底是什么？"

她说她怕无聊、怕孤单、怕一眨眼就一世混沌，所以给自己确立了一堆目标，每天就纠结在各个目标之间。

从她的话中我能感受到她的焦虑，因为这样的情况也曾在我身上发生过。

我问她："平时在生活和工作中是不是经常焦虑，并且努力克制自己，而吃，是唯一缓解压力的途径？"

她微信回了我一个字："嗯。"

这是一位女强人型的女生。她坚持运动和节食，想成为能保持好身材的"冻龄女人"；她不断地努力和奋斗，想取得事业上一个又一个的成功；她唯恐被时代所抛弃，想学习许多新鲜知识；她还想与朋友们多聚会、多聊天，拓展自己的人脉圈子。

这些愿望单独来完成，每一个都不会过分消耗精力；但合在一起，都想完成，则需要极其充沛的精力才能做到。一旦处理不好，就会给她带来巨大的压力，让她疲惫不堪。

比如她为了拓展人脉圈子，就得多参加聚会，参加聚会就会大吃大喝，这样不科学的生活方式，怎么可能保持好的身材？再比如她想专注事业，就没有时间和精力专注学业，最后可能哪一个都做不好。

其实，我之前也是处于这样杂乱的状态：想要实现的目标太多，对自己的精力和时间估计过高；每天不停地奔忙，希望成为别人羡慕的对象，认为这才是生活的意义；每次达到目标、得到夸奖后，短暂的快乐转瞬即逝，为了再次得到别人的认可，又努力地向另一个目标前进。

在这个过程中，人会体验到各种焦虑，有时也会隐隐觉得目前的生活不是自己真心想要的，但是为了取得成就、得到他人的认可，还是会选择忽略内心的声音，逼着自己完成这个、完成那个，胡乱忙碌，直至精力耗尽，疲惫不堪。

坏情绪牌"合法毒品"

我并不否认这种极具进取心的想法对很多人有积极的作用，也不反对任何人选择这种生活方式，不停地为自己设定更高的目标。只是我必须指出，这种生活方式的一个副作用，就是容易引起情绪失控，导致精力散乱。另外，坏心情还会让你摄入多对身体健康无益的食物，使身体变得肥胖。

首先，大脑在处理压力和焦虑时耗能非常大，这种脑力消耗会让我们食欲大增，在不经意间吃下过量的食物。

成年人的大脑重量为 1.37 ~ 1.45 千克，占体重的 2.1%。但是，大脑需要消耗的能量占人体总能量的 20%，耗氧量占全身耗氧量的 25%，血流量占心脏输出总血量的 15%，一天流经大脑的血液约为 2000 升。

大脑在处理压力和焦虑这种令人紧张的情绪时会高速运转，需要消耗巨大的能量。即便身体躺着不动，总的耗能量依然非常大，人很容易产生饥饿感。

这时候，稍不注意就会吃下过量的食物，增加身体负担，引起精力消耗。

其次，当我们压力大、感到焦虑时，会不自觉地想吃高糖高脂类食物。

无论是身体活动还是大脑运转，只要消耗了能量，产生了饥饿感，身体就会本能地对高脂高糖类食物产生渴望。这是因为糖和脂肪能刺激大脑分泌更多的多巴胺，而多巴胺是一种会让我们愉悦和亢奋的神经递质，能够有效地缓解压力和焦虑感。

如果压力和焦虑一直持续，我们就会对高脂高糖类食物逐渐产生依赖。不过，所有的依赖都有一个边际递减效应。

> 边际递减效应就是指原来 10 克糖或脂肪就能产生的愉悦感，渐渐发展到需要 20 克甚至更多的糖或脂肪才能产生，这种现象会让我们进入一种难以停止的状态，逐渐形成糖瘾和脂肪瘾。

很多专家都认识到了这个问题的严重性，在他们看来，糖是这个世界上分布最广泛的"合法毒品"。从基本原理上来看，糖的成瘾性和人们对咖啡因、尼古丁、酒精甚至是真正毒品的依赖并没有太多不同。因为压力和焦虑的恶性循环，导致人体摄入过量的糖分和脂肪，形成糖瘾，引起肥胖从而影响身体健康。

而且，上面说的两种情况往往同时起作用，食欲增加和糖瘾、脂肪瘾还会产生叠加效应。

这种无法控制食欲的情绪失控，从根源上来说应当从心理层面寻找原因。

从我个人的经历来看，首先应认真倾听内心的真实声音。问问自己，在许多方面取得优秀成绩的想法，究竟是源于自己的进取心，还是希望得到别人的羡慕和称赞？

如果是前者，压力会成为你的动力，达成目标是迟早的事，不需要焦虑。

如果是后者，则需要弄清楚一点，谁都不可能得到所有人的羡慕。无论我们怎样努力，身上还是会有缺点，同样也有许多优点，我们都是独一无二的个体，无须事事与别人比较。

放下焦虑，首先要认清自己，知道自己是谁，想要什么，为什么需要。这样你就可以在精力的空间内进行"断舍离"，放弃那些消耗精力而又对自身无益的杂念，保存更多的精力去做自己想做的事情。

比时间、金钱更宝贵的是注意力

信息科技的高速发展已经改变了我们和周围世界的互动方式，通过智能手机和互联网让人们时时刻刻"在线"。很多人经常在智能手机和电脑上同时运行多个社交程序，人们的专注力也因此难以聚集。

有研究显示，成年人和青少年平均每天查看手机的次数高达150次以上，或者除去睡眠时间平均每6~7分钟就查看一次手机，甚至有很多人在找不到手机时会感到恐慌。就像两年前罗振宇老师说的，为什么这两年遗失手机的情况变少了？因为我们查看手机的次数变得太频繁了，几分钟就要查看一次。

很多人早上起来的第一件事就是躺在床上看手机，然后在上厕所的时候看手机，吃饭的时候看手机，不断地把信息输入大脑里，生怕错过任何一条。虽说好奇心是创造力的源泉，但如果把好奇心都浪费在莫名其妙的热闹上，真是很可惜。

我们可以反思一下，每次把大量的信息填入大脑之后，我们是感觉精神状态更好了，还是更疲劳了？我的感觉是仿佛吃了一大堆食物，昏昏沉沉的。所以，我们每天填入大脑的这些信息可能成为大脑的负担，而不是优质的"燃料"。这种负担在慢慢吞噬、耗散我们的精力。

我们的注意力非常稀缺，一天 24 个小时中，能够集中起来的有效注意力只有 2～3 个小时而已。如果我们把这些注意力再分散到不同的地方，分配给各种各样的信息，可能很少会有收获。

面对四面八方涌来的过量信息，我们没有时间去思考、反思，甚至连放空发呆的时间都没有，只能任由各种情绪和观点带着思想乱跑。

钱不是最重要的，因为它可以再生；时间也不是最重要的，因为它本质上并不属于你，你只能试着与它做朋友，让它为你所用。你的注意力才是你所拥有的最重要、最宝贵的资源——从这个角度来看，人生其实是公平的，因为你的注意力确实是你自己可以做主的，除非你放弃主权。

越专注，越轻松

提到多任务处理，我想用电脑来和我们的大脑做个比较。电脑从1990年我所知道的"386"台式机开始，直至升级到现在以i7为核心的台式机，CPU从单核升级到现在的16核。在近30年的时间内，电脑的硬件每几年就会全部进行一次升级换代。可是我们的大脑在这近30年内并不能在硬件上升级或更换，只能从软件上，也就是认知上不断升级。所以，我们的大脑无法达到电脑的多任务处理速度。

在亚当·格萨雷（Adam Gazzaley）和拉里·罗森（Larry D. Rosen）的《专注：把事情做到极致的艺术》（*The Distracted Mind*）一书中，作者通过大量的科学实验总结出人脑在多任务处理方面的特点。

第一个特点是我们无法有效地并行处理两个需要高度集中注意力的任务，这一点决定了人脑多任务处理的不可实现性。我们可以轻松地从头背出26个英文字母，或者从1数到26，但是尝试按照A1、B2、C3、D4……

这样的顺序背诵，会发现难度增大了很多，因为这两个任务很难有效并行。这个尝试也引出了多任务处理的第二个特点，就是在不同的任务之间切换，会使得任务执行的精确性降低、速度变慢。

所以，重要的事情一定要专注处理，不要把它和其他任务一起处理。否则，事情不但得不到最好的处理，还会有负面效应出现。我们身边最常见的例子就是在开车过程中因任务切换和注意力分散导致的车祸，轻则受伤，重则死亡。卡内基·梅隆大学的计算机科学、人机交互及设计教授兰迪·波许（Randy Pausch）曾经在轰动全球的《最后的演讲》中说过：我们的专注力资源是特别稀缺的，当我们做一件事被打断之后，再重新回到这件事，恢复专注的时间为10分钟。显然，这个恢复时间是对精力的极大浪费。

基于节省精力的需要，我们总结出不要进行多任务处理的任务类型：

较困难或需要大量思考的任务；

具有较大风险的任务；

有重要或较高价值的任务；

对处理时间有要求的任务。

可见，精力管理是好是坏，我们是可以自己掌控的。把最宝贵的注意力全部放在最重要的事情上，你的精力就得到了有效管理，做事效率也会大大提升。而要做到这种最高效的使用精力的方式，就必须首先进行心态管理。

不着急、不逃避、不放弃

要看清自己是谁，要什么，不被情绪消耗，就要掌握心态管理中的三个核心要素：安心、真诚、认真。

安心，也就是去情绪化。

这一点是我在阅读《禅与摩托车维修艺术》（Zen and the Art of Motorcycle Maintenance）一书时受到的启示。

作者罗伯特·M.波西格（Robert M. Pirsig）发现，修理摩托车的时候你如果特别生气，会连一个小小的零件都摆不好。你越愤怒，这个零件给你的反应也越愤怒；你越着急，它给你的反应也越着急。这种现象如同作用力与反作用力。你唯一可做的就是安安静静、专注地以一个安心的状态把它拆解，放回去。没有第二种解决方式。

这个例子告诉我们，一旦带着愤怒、急躁等复杂情绪做事，人的精力一定会产生无谓的耗散，在这种状态下是做不好事情的。

因此，想把事情做成、做好，必须进行心态管理。而心态管理的关键，就是避免情绪化，做事的时候保持安心、专注的状态。安心的心态是基础，本质上属于心理储备。

真诚，就是真实面对人和事，不逃避。

有时我们不想面对自己的问题，总想逃避，寻找其他的解决方案。结果越找离原本的道路越远，越找越容易受到情绪困扰，最终发现走了太多弯路。

例如饮食，我们都知道不控制饮食根本无法减重，但为什么总是控制不住自己的嘴巴呢？也许没有剖析过自己，是不是真的想去面对这个问题。

我有一个朋友原来在百度旗下担任产品经理的职务，后来辞职创业，做个人内容品牌。刚开始做的时候，很多人并不看好她，觉得她资历尚浅，储备不足，也没有可以叫得响的作品，但这些都没有限制她的发展。在不到半年的时间内，自媒体公众号就有了1万多粉丝，做出了2门复购率达85%的品牌课程以及5场成功的线下分享活动。

我们问她，凭借1个人的力量，怎么能在这么短的时间内做出这么好的成绩呢？

她说，一次线下分享时一个学员的话，可以作为这个问题的答案。那个学员说："老师您确实没有那么多光环，但是您用真诚打动了我。内容的品质、作业的批改和群内的每一次回复，都让人感受到可贵的真诚，懂就是懂，不懂就去查，不受任何情绪干扰。"

这个朋友在短时间内从白手起家到经营好自己的品牌，正是她真诚面对自己的问题又真诚对待他人，不玩虚的，能把精力直接转化为效益。

我刚进入健身这一行的时候，当时所在的健身场馆中的教练大多是健身行业的资深人士，其中不少是国家级健美冠军，而我就是一名应届毕业生，一张白纸。我的很多同事入行多年，非常有经验，总是能在和客户侃侃而谈中成功推销出课程。而我却不知道怎么开口，怎么推销自己的课程——尽管每周我们都会学习销售技巧，甚至有朋友送给我很多讲解如何推销的光盘。

在我心里，当时有健身观念的大多是成功人士，例如宾利的CEO、某跨国公司的总裁等，我觉得利用销售技巧和这些高端人士推销课程，是一种不可取的方法，我在他们面前有什么销售技巧可言呢？

于是我在面对他们的时候，就是抱着帮助对方解决问题的心态来谈。

知道什么说什么。

不知道的，承认自己的不足，查阅资料后再告诉他。

在课程之外，如果客户有关于健身的问题问我，我也会及时查找解决方法并为其提供帮助。

渐渐地，我凭借自己的"真诚"服务卖出了很多节课，我也越来越忙，很快就成为健身房授课时间最满的教练，业绩超过了老员工。

有时候我们长时间做一件事情，会感到烦躁，不由自主地产生焦虑情绪，这些情绪的产生是因为工作强度超过了自己正常接受的程度，也就是说，烦躁不过是因为我们累了。其实这个时候休息一会儿，等恢复精力后就又能满血复活继续了，就是这么简单。

这不只是对别人真诚，其实也是对自己真诚。面对问题时，会就是会，不会就是不会，而不是逃避或者打岔岔开。不给自己找任何理由和借口，遇到问题及时去面对、修正和解决，对错要分明。

先面对问题，才能找准解决问题的办法，不被情绪所左右，在太多无关的事情上消耗过多精力。

对待每一件小事都保持认真的态度，也是管理好心态的一种有效途径。

2008年，我在北京银泰中心上课的时候，遇到一个印尼的学员和一个德国的学员，两个人上课的态度截然不同。印尼学员每次来上课的时候都会迟到，而且常常是穿着高跟鞋就来了，运动起来也很随意，所以，上课时她也总是会发生很多奇奇怪怪的状况。虽然每次课程结束时她都会给400块钱的小费，但是作为教练，我完全不知道怎样帮助她，而她好像也并不是真正想要做好健身这件事儿。整节课都应付了事，就像走过场似的，动作一带而过，也不提任何问题，最终的锻炼效果可想而知。

而德国学员是一名工程师，每次都按时按点来，每一个动作都会询问细节，要坚持多久？什么阶段会发生什么改变？作为教练，我被他认真的态度所感染，每次上课前都会更精心地准备课程，即便他没有给过小费。这名学员半年减掉了 10kg 左右的体重，这个结果，正是他在一个个细节上的认真态度所带来的。

只有认真做一件事儿，才有可能获得好的回馈。否则即便别人想要帮助你，都不知道从哪里着手，也就很难有理想的结果。

就像我妈一直和我说，如果一个女人永远穿戴齐整，发型一丝不乱，皮鞋的鞋缝里面连一点尘土都没有，那即便她一时不顺也不用担心，她一定是可以把日子过好的人。认真的人，没有什么事情能难倒她的。

精力管理也是如此，一顿健康早餐、一个热身动作，都如同一颗螺丝。要想有质的改变，必须从小事做起。细节决定成败，结硬寨、打呆仗，一步步把基础打好了，才能处于不败之地。所以认真对待每一个细节才是能耗最低的方式。

精力管理是一个系统化行为，也是一个长期行为，不是一朝一夕可以完成的。

把精力变好，会在饮食上遇到问题，会在运动上遇到问题，会在身体疲劳上遇到问题……遇到问题就想要放弃或者逃避，就只能在原地停滞不前。安心去掉情绪，真诚面对问题，认真解决每一个细节，才有实现的可能。

需要克制坚持 = 必然半途而废

要想管理好精力，做好心态管理还不够，因为知易，行难。

懂得很多道理，遇到事情时还是会打退堂鼓，应该怎么办？

很多人可能都曾经问过自己一个问题，为什么总是"半途而废"？思来想去，原因通常都会归结为不够坚持、不够努力。实际上，真的是这样吗？

在我看来，毅力和坚持都是伪概念，我也曾用这些概念来要求自己，但后来我主动从自己的词典里删除了这些词汇，为什么？

因为我意识到，如果一件事需要强制自己去坚持，说明自己根本不情愿做，处于一种对抗状态，在这种心态下怎么可能把事情做好？

我自己半途而废的学习经历就能说明这一点。

初中时我一直是班上英语成绩最差的，老师发试卷时总是按照从高分到低分公布的顺序，每次我都是最后一个领试卷。记得老师还送我一句话，让我羞愧难当：身高最高所以排队的时候站在最后，没想到领成绩也在最后。受了这个刺激后，我打算好好学习英语，打个漂亮的翻身仗，不能再让老师"羞辱"我了。于是，我就开始努力、开始坚持，结果没两天就放弃了，因为我发现去北京的体育学校上学，靠的不是英语成绩，还是直接转学更能解决我的困境。

所以说，如果一件事你觉得需要努力、需要坚持才行，那这件事儿基本上从一开始就注定做不成。内心不愿意做的事情，怎么可能靠意志力做好，又怎么可能靠每天说服自己来做成。

想通了这个道理，我不再用"坚持"两个字来要求自己和学员，而是先从心理上解决根源问题，找到做好这件事的真正动力，于是我总结了不需要坚持就能做好事情的三个动力管理技巧：

第一，在做事前，先为这件事赋予重大意义；

第二，思考如果不做这件事，会有哪些负面影响；

第三，为减少个人随意性，通过团体互相监督、鼓励进行学习。

请找到你的人生祈祷语

我先来说说第一个技巧：无论做什么事情，在开始做之前，要想尽一切办法为这件事情找到做它的必要性，找到非做不可的重大意义，这些都是做好事情的动力。

比如说，我在工作之后接触到不少外国客户。和他们聊天，了解他们的身体状态，带领他们进行运动训练，这些经验极大地丰富了我的认知。曾经抵触英语学习的我从中找到了学习英语的必要性和意义。每学习一个单词和语法，都让我觉得在教学中能更好地帮助到客户，沟通中能了解到新的知识。学英语这件事不再需要依靠什么努力和坚持，而是变成了一件有意义、有趣的事情。我每天翻查单词书，主动报名学习线上课程，根本停不下来。

记得一个来自德国的飞机工程师学员和我聊起空中客机 A380，伴随着他的手势，加上零星能听懂的英语单词，我大概明白了这种飞机机舱有多大、时速有多快、为什么可以隐形，有时候看我一遍没有听明白，他会用简单的词再讲一遍；还有一个叫玛格丽特的西班牙女孩喜欢和我聊各种各样的酒，她告诉我只有产于巴黎以东不足 200 千米的一小块区域的香槟才算正宗的法国香槟，其他地方酿出来的香槟都算不上是"法国香槟"；Kappa 的意大利设计师和我聊设计，谈到了颜色搭配的平衡和美感，终于解开了一些困惑我很久的问题，为什么 Kappa 在东北那么流行？意大利人都喜欢穿这个色调吗？答案是 No；一位 60 多岁的英国贵族阿姨，非常规律地每周来做半个小时有氧运动，来的时候就给我讲今年又登上了全球哪些山峰，明年有什么旅行计划……

这些交流的快乐是不是让英语学习成为必需和乐趣？哪里还需要坚持和努力呢？

回想学生时期，除了挨训，在学习英语这件事上我很难有学习动力，至少不会有极大的动力。当工作后我赋予这件事一个新的意义，比如为了更好地工作和沟通，期待听懂每个客户的故事，预测接下来发生的变化可能是这样或那样的。我的大脑开始高度兴奋，注意力高度集中，学习效率也迅速提升。

一旦以这样的方式来决定做什么事情，不用坚持，也不用努力，苦哈哈的坚持和累死人的努力都烟消云散了，局面变成什么样？多有意思的事儿，学起来就停不下来啊！谁敢拦着我我就跟谁急！

那我们在保持身体健康这件事上，怎么赋予它更大的意义呢？

按照我多年来的经验，没有人喜欢减肥这件事，都是希望通过减肥来达到其他的目的，例如被周围人接纳、得到别人的赞美，或是保持精力旺盛、提升工作效率等。无论属于哪一种，都要先找到背后的动机，发掘出对我们最为重要的信息，让它成为你不断前行的驱动力。

怎么找到这个驱动力呢？

我们可以通过以下这个练习去发现：

第一步，请从下面的表格中，选出在你脑海中马上浮现出来的 10 个词组，它们对你的人生而言是最有价值和意义的，把这 10 个词写在空白处。你可以在一个种类里选择多个词语，也可以一个都不选。

身体表现	疼痛	外貌
耐力	减轻	清瘦
心肺功能	无疼痛	美貌
力量	自由	舒服
爆发力	活动	自信
速度	动作	吸引力
恢复能力	功能	朝气蓬勃
个人极限	预防	强壮
健康	人际关系	能量
活力	家庭	精力充沛
长寿	承诺	获得力量

健康	责任感	安静
生活质量	给予	专注
存在感	联系	警觉
衰老	支持	活力
灵性	参与	热情
情感幸福	**工作表现**	**挑战（新事物）**
平衡	聚焦专注	发展
参与	高效	尝试
动机	生产力	开放
冷静	沟通	兴奋
幸福感	创造力	达成
满足	成功	挑战
乐观	组织	目标

　　第二步，从所选出的 10 个词语中再找出 3 个对你现在来说最有意义的词，这 3 个词语反映出你现阶段生活最重要的方面。

　　第三步，用这三个词汇创建出一个"祈祷语"，来表述一种可能的最佳的生活方式，然后尝试着描绘出祈祷语所指引的生活情境。

　　第四步，一旦建立了目标祈祷语，就应该在每天早上起床后大声读出来，让读祈祷语成为你早起后的例行仪式。也可以把它打印出来，贴在你的床头或是桌子上，或者拍下来当作手机屏保。不只是在心中默念这些词语，还要想象自己按照这样生活所获得的益处，并将其视觉化。这样的做法就像自证预言一样，会让你充满动力地往目标方向前进。

我的一位学员 Cherry 是一位心理咨询师，在第一次拿到这张表格时非常开心，她认为这是非常棒的心理辅助工具，特别愿意尝试。

第一步，她选择了"力量、自由、舒服、自信、吸引力、活力、满足、挑战、家庭、灵性"这 10 个词语。她觉得这 10 个词语对她特别重要。

第二步，她选择了"力量、家庭、挑战"这 3 个词语。她觉得有足够的力量才能应对生活中纷繁复杂的状况，家庭是她人生中重要的部分，挑战是她希望不断尝试新的体验。

第三步，她的祈祷语是——我要通过健康的生活习惯，保证我拥有长期可持续的力量，应对家庭和生活中不断出现的挑战。

她觉得祈祷语保证了她的身心健康，只要她的状态趋于稳定，就能持续发挥自身的力量，以良好的姿态应对生活的挑战，还能对周围人产生正面影响。

而她尝试的方式也很特别，就是大声读出来，这个充满仪式感的行为，让她在践行这句话时充满了动力。尤其是当她说到"力量"和"挑战"的时候，会感觉自己更有力量。她告诉我说，她第一次发现自己这么喜欢"健康"这个词！她不断地赋予"健康"两个字更多的积极意义。她觉得会更有力量去做想做的事情，把精力用在了最有意义的地方，不再会被负面的思维掌控。

祈祷语像一种心理暗示，她每天都觉得这句话的可信程度越来越高，自己的人生有了明确的目标和行动方向，自己成了一个更靠谱的人！

虽然她最初的目标是减重，但有了这句祈祷语后，她的目标已经不仅仅是减重了。一句祈祷语的影响在慢慢地扩大和渗透，改变了她整个的生活目标。她开始新的取舍，重新考虑和规划生活，发现有些原来认为非做不可的事情其实可以不做，例如泡吧、无效社交……原来认为应尽量减少时间的事情，应该增加其时间比重，例如做饭、运动和睡眠。

我们经常觉得生活使得我们疲惫不堪的原因是各种事务乱成麻，找不到头绪，分不清主次。而Cherry通过这种方式，重新梳理了自己的生活节奏，重新审视了自己的精力分配。她把健康放在第一个层次，有了健康，才谈得上拥有力量和敢于面对挑战，于是之前认为难以做到的生活方式管理，成了拥有力量和面对挑战的重要背书。

这样坚持了不到两个月，她的身上发生了大量的变化，包括体重的变化、时间分配上的变化、对生活中很多事情的重要程度认知判断的变化。这些体验让她觉得真是酷极了，她非常喜欢改变后的生活状态。

她告诉我，从第三天起，她尝试着为自己准备了一顿早餐，紧接着，一餐变成了两餐，后来一日三餐都是自己亲手做的。她不再点外卖，工作日也是自己准备便当带到公司。这个健康的生活习惯的养成居然在第一周就实现了，再加上随之带来的体重变化，她更坚定了为自己做健康饮食的决心。

除此之外，她在诸多方面都发生了改变。

运动时间较以前有明显增加。原来需要开车去的短途行程都改为步行方式。每次运动前换装时，就觉得情绪高涨，浑身充满了力量。

睡眠方面的改善也很明显。凌晨 1 点这样的超晚睡眠已经减少到 1 个月最多 1～2 次，而且自己对困乏的敏感度逐渐增加，10 点就困的情况开始增多，大多在 10 点半到 11 点她就会自然入睡。

看起来，她的健康管理已经做得非常不错了。

她发现自己在其他方面也开始改变，把生活中的诸事按照主次重新排序后，无力感越来越少，掌控感越来越强烈，精力也比之前更为充沛，更愿意积极地应对挑战。

3 个月左右，10kg 的减重目标，Cherry 在轻松、愉快、充满掌控感的节奏中实现了。

现在来看，把其他人需要坚持和努力才能做成的事情变成"干脆停不下来""谁不让我做我就跟谁急"的事情，找到了它的价值和意义之后，其实就没有那么难了。而在这种情绪状态中，精力的耗散程度会大大减少。

扔掉绳子，恐惧会助你一臂之力

当然，寻找所做事情中哪些是有意义的，并找到做事的动力，这还只是动力管理的第一步。在"为它赋予很多意义"找到做这件事的持续动力后，务必再来强化一下"不做会怎样"的负面意义，制造"恐惧"，成就这件事。

现在请拿出一张白纸，按照以下两个问题去罗列答案，你可以花费几天甚至几个月的时间来做这件事：

1. 如果我没有掌握这项技能，哪些事是目前我做不了的？甚至连一点尝试的机会都没有？

2. 缺乏这项技能会让我在将来遇到什么困难？失去哪些机会？

	弊端	益处
不遵循祈祷语的生活方式		
遵循祈祷语的生活方式		

需要说明的是，罗列完之后，再展开想象的翅膀，把可能发生的细节"栩栩如生"地写下来。

相信我，写完之后，你可能会被自己的答案吓到，这些触目惊心的细节会深深地植入你的大脑，你会被这些刚发现的细节惊醒。准确地说，写完之后，答案带来的恐惧会深深地埋入你的潜意识里，随时警示你：要赶紧行动，否则就会失去太多机会，就会被淘汰。

还是从 Cherry 的例子来聊聊她所选的第一个关键词——健康。

"得到"专栏的刘润老师早期在微软工作的时候，每天都保持手机 24 小时开机，全天候备战。在这种工作强度下，没有一个健康的身体自然就会被淘汰，甚至没有任何翻身的机会。其实在职场中，很多人被淘汰不是因为学历、成绩、智商、经验，而是体力这一关就过不了。体力跟不上，还谈什么绝对竞争力！

我曾经工作的健身房在北京金融中心 CBD，很多人来健身时，我都会先问他们一个问题：健身的目的是什么？减肥？塑身？他们都说不是。他们会开着玩笑说"希望以后有升职的机会时能够牢牢抓住"，甚至有人会说，"熬到升职前首先要活下来，每天工作强度特别高，经常连轴转，没有足够的休息时间；工作期间需要做大量的决策判断，还要保证不出错，这些是对精力的极大挑战"。

我第一次听到这样的回答，是来自一位某大公司的基层员工。后来，一位副总裁跟我聊天的时候，也谈到了同样的问题。他说，实际上很多人能够一路高升，并非比别人神通广大，而是体力好，尤其是在大家业务水平差不多的情况下，最终比的就是谁的身体好，谁能撑得久。他的健身诉求特别清晰，就是为了让自己保持良好的状态以便继续长久地在职场生存。

很多行业都存在这种现象，尤其是在员工越老越值钱的行业。如果一个人的基因好，比如徐小平老师，家族遗传的心肺功能特别强，的确在身体方面占有先天优势。如果基因不够好，知道自己身体弱，可以通过锻炼去改善、去强化，比如司马懿每天勤练五禽戏，就是在有意识地弥补先天不足之处。而包括索罗斯在内的美国华尔街精英们，也都在有意识地做类似的刻意练习，目的就是在需要做决策时，始终保持头脑清醒，而不是因为大脑血氧含量比较低，受身体状态所限，做出一个愚蠢的决定！更不要说因为身体不好，通宵熬夜后出现心梗等极端情况了。

在人生的每一次关键比赛中取得好成绩，这是我们每个人都期盼的。诸如比赛开始之前就丧失了比赛资格；比赛到中途前功尽弃，没有成绩；快到终点了，筋疲力尽，失去该有的名次……这都不是我们想要的结果。只有在决定参与比赛之前，考虑到事情的正反两面——喜悦的和恐惧的，找到可控的方式，才有可能会取得胜利。

罗列出这些因健康状况不佳所带来的各种灾难性后果，为自己的行为找到根源性的反向忧患"动力"，正向行为模式才会更加持久和稳固。

拿我自己来说，以前做事情比较随性。经常是想去旅游了，头脑一热，直接开车出门。吃什么、在哪儿住、什么时间返程，完全没有计划和准备。

结果出门后所有事情都是临时做决定，安排吃住、寻找景点等，用手机查找信息就花费了大量的时间。

有一天，我突然心血来潮，计算了一下在每件事上花费的时间，结果发现，有提前计划的事情，往往只需要做一遍，例如买机票；而没有事先做好计划、临时做决定的事情，同一件事情至少反复 3 遍。即使按照每天重复同一件事情的时间为 5 分钟来算，这个时间成本也是一个庞大的数字！这个计算结果把我吓坏了，我根本承受不起这样的时间成本和心理成本。

并不是我不知道做事情有计划性的好处，但却一直找不到去改变的足够动力，而最后能够让我"痛改前非"的是恐惧。所以，做一件事情时，不妨用用恐惧带给你的力量。

我印象最深的就是《蝙蝠侠：黑暗骑士崛起》里，蝙蝠侠被困在井里，只有跳上对面的岩石才可以往上爬。他往对面跳时，每次都在身上绑着一条安全绳来保护自己，但每次都没有跳跃成功。这时，旁边的智者说，"扔掉绳子，恐惧会助你一臂之力"。于是他抛掉了安全绳，背水一战，跳到了对面的岩石上，成功逃了出来。

所以，当你完成这个步骤，写出这些内容，恐惧也将助你一臂之力，达成你的目标。

从人群中来，到人群中去

最后一个重要的动力技巧就是通过社交来学习。

很多时候人们懂得道理，但是做事时很难坚持下去，有时会给自己找一条退路说：随心所欲也很好。这种说法看上去好像也有道理，但事实上呢？

一个随心所欲的人，看上去很轻松、很自在，但是这样的人通常稳定性很差。因为没有根本的核心支撑，就无法稳定地输出力量，做事容易半途而废，以致前期的很多付出打了水漂。

根据之前的分析可以看到，Cherry 如果不是有意识地去掌控自己，就不可能拥有健康的身体，更谈不上健康的心态，其稳定性肯定会大打折扣。把精力进行合理分配，才能稳定发挥自己的力量，以良好的姿态应对各种生活挑战。

而另外一个让 Cherry 坚持下去的动力，来自饱瘦训练营用户微信群这样一个微型组织带来的隐形影响和引导。Cherry 在改变自己的过程中，我们几乎每天都有互动，我会询问大家近期的安排和感受，也会在群里分享心得。

社会学研究认为，生活在群体中的人们更加愿意模仿彼此的行为，并且无意识中出现表达、行为模式的趋同性，说得简单些，也就是"近朱者赤，近墨者黑"。集体带来的无意识力量，能催化共性、弱化个性，潜移默化引起个体行为的改变。

举个很简单的例子，如果你的朋友都是胖子，你很可能也会慢慢被"传染"成一个胖子。这可不是开玩笑，试想，胖子对于"肥胖"这个词是不是会有自己的理解？人对自己的接受度通常都比较高，并且喜欢物以类聚，所以首先你的朋友会影响你对"肥胖"这个概念的理解。其次，更为重要的是，胖子有自己的生活习惯，例如吃夜宵、喝啤酒等。那么，如果半夜你的朋友喊你出去吃烤串、喝啤酒，你会断然拒绝吗？

同理，当你进入拥有某项技能的人群中，就会不由自主地发现和感受到拥有那项技能是一件很普通、很自然的事情，没有它是不行的，甚至完全走不通的。

这些感受会极大地影响你的认知和行为，于是，在一个平行时空里认为"很艰难""很痛苦""很难坚持""没有毅力根本做不完"的事情，在当下全都变成了"真好玩""停不下来""要是能多玩一会儿就更好了"的事情。这就是参照系不同，认识和行动也截然不同。

不是有这么一句话吗：你的价值是你身边最亲密的 10 个人的平均值。可见朋友圈的重要性。想要学会一件事情，社交学习可以说是非常便捷的方式。

具体来说，你要想尽一切办法去找到已经拥有这项技能的人以及人群，这个人可以是身边的人，也可以是网友，人群可以是一个线上社群，也可以是一个线下实体活动群；找到以后，融入这个群体，尽量与他们深入接触；如果不能一对一地交流，起码也要时刻关注他们的行为，了解他们的认知。

能否从"知道"继续前行，到达"做到"，一个自然而人性化的助力就是社交。积极观察别人如何行动，主动表达自己有什么困难，在群体中沉浸式接触，有意识地去被潜移默化，这向来是学习活动中的一部分。

去化解，而不是对抗

有一种说法认为，自控力是一种肌肉，越练越强。我们用生活中的事情加以验证，就会发现这种说法不可取。

比如一个天生意志力薄弱的人喜欢喝酒，越喝越迷恋上喝酒的感觉，最后无法自拔，那么显然他的"自控力肌肉"根本就不起作用。

而生活中有些自控力很强的人也很爱喝酒，但是他们清楚喝酒会误事，平时可以做到滴酒不沾。结果偶然遇到挫折、精神崩溃了，打算喝点酒缓解压力时，一喝就"破功"了，很快变成了一个嗜酒的人。照理说，自控力经过长时间的训练后，"肌肉"应该很强才对，怎么一下子就没用了呢？

可见自控力的"肌肉说"并不可靠。

还有一种"模块说"，则提出了另一种自控理论——我们大脑的每一个决定，都是各个模块的感情力量强弱对比的结果。

想要管住自己吃巧克力的欲望，就应该希望"不吃巧克力"这个模块的力量变强，而让模块变强的机制则是"满足感"。

比如这次"吃巧克力"模块战胜了别的模块，成功地让你吃到了巧克力，你马上就能获得一个快乐的满足感。那么在下一次力量抗衡的时候，"吃巧克力"模块的力量就会更强，别的模块就更难战胜它。

这个说法的模式总结如下：在抗衡中取胜 ➡ 获得快乐奖励 ➡ 自身力量更强 ➡ 下次抗衡更容易取胜。

这就是为什么有些需求总是难以克服——一次次的满足只会让这种需求一次比一次强烈，最后必须加大剂量才能满足它，就好像吸毒一样。这也解释了为什么一个戒酒很长时间的人，偶尔喝一次酒就马上又想喝酒，因为他的"喝酒"模块并没有失去力量，只不过一直被压制而已！偶尔喝一次酒带来的巨大的满足感，就足以把它再次激活。

这也是为什么要吸引一个人去赌博，最好的办法就是一开始让他赢，一次次的赢牌给他带来的满足感越来越大，他就很容易陷进去，难以自拔。

以此推断，最好的自控方法应该是打断正反馈，不让相关模块获得即时奖励和满足感。

耶鲁大学医学院的贾德森·布鲁尔（Judson Brewer）找来了一些烟民做戒烟实验，他教给这些烟民们一种四步戒烟法，缩写为 RAIN ——

识别感情（Recognize the feeling）。当你想吸烟的时候，你要意识到，想吸烟是一种感情。

接受这种感情（Accept the feeling）。不要把这种感情推开，不要与之对抗，要承认自己想吸烟，而且承认这是一种合理的感情。

观摩研究这种感情（Investigate the feeling）。从旁观者的角度，对这种感情进行分析：它的力量有多强？是我身体的哪个部分有吸烟的需求？这个感情有"颜色"吗？是什么"材质"的？当你从各个角度去分析它的时候，你就会发现这种感情不再是你的一部分了。你越分析它，它就离你越远。

感情分离（Non-attachment）。你和这种感情分开了，这时候你已经不再想吸烟了。

实验结果是布鲁尔的RAIN戒烟法比美国肺科协会推荐的传统戒烟法更有效。

这个方法对我"戒掉"玩游戏这个损耗精力的习惯有很大的帮助。有段时间我很喜欢电玩上的各种大型游戏，经常一玩就是几个小时。刚开始玩时给自己设定的游戏时间是半个小时，结果游戏中一个接一个的任务让我沉迷，游戏中的剧情一直在召唤自己，两个小时后依然停不下来，直到有非做不可的事情时才能放下手柄。玩游戏的时间看似是在放松，实际上是在消耗注意力，结束后会感到更加疲惫困乏。更糟糕的是，这种沉迷游戏的情况每天都在重复发生。

我意识到这是消耗精力的不良习惯，想要改变。起初我采用了用意志力压制、对抗的方式，一旦玩游戏的念头浮现，我就用意志力把它压下去，但是越压制，这个念头出现的频率就越高。最后意志力薄弱的时候只能选择放弃，向玩游戏这个念头妥协。

当我知道 RAIN 这种方法后，尝试着用它去解决这个问题。让我惊喜的是，这种方法给我带来了意想不到的效果。当想玩游戏的念头出现时，首先要做的是识别这个念头；然后承认它是合理的，不对抗，接受它；接着对这个念头进行分析，究竟是游戏的哪个方面吸引了我？是剧情，还是及时反馈给我的成就感？通过分析，我发现自己对游戏的剧情非常感兴趣，想通过玩游戏去了解和体验一个全新的世界，于是我在网上找到了游戏主播玩这个游戏的视频，用半个小时、以倍速播放的速度看完它；这时玩游戏的感受变得不再强烈了。这种方法让我明白了自己对游戏的兴趣所在是有创意的剧情，而这些用 0.5～1 个小时就能得到全部信息，根本不需要花费几十个小时去通关。

这种对情感的分析，让我学会了一个全新的解决问题的角度。就像如果你只知道煮鸡蛋的方法，那每天就只能吃煮鸡蛋。当有一天发现还有鸡蛋羹、煎鸡蛋的做法时，才意识到自己还有更多的选择，就从每天吃煮鸡蛋的日子中跳脱出来了。

我经常听到很多食量大的人说，每天摄入大量的食物并不是为了满足胃的需求，而是为了缓解压力。正因为没有人告诉他们还有其他可以处理压力的方式，所以只能选择暴饮暴食。当我们用正念化解的方式，客观、中立地去分析这些压力时，也许会找到解决压力的新角度、获取新认知，会发现运动、回到大自然、冥想等都是有效缓解压力并提升精力值的方法。

由此可见，训练意志力的方法是"对抗"，获得正念的方法是"化解"。

其实我们面临的很多问题都是自控力薄弱造成的。比如，工作的时候总爱走神，总想刷手机，最好的解决方法就是先承认自己想刷手机，然后闭上眼睛想想自己为什么想刷手机，分析一下"刷手机"这个感情到底属于什么性质……分析的过程中，你可能已经不想刷手机了，收回心思继续进入工作状态，减少了不必要的精力耗散。

如婴儿一般安心专注，吃干净的食物，做规律的运动，保证高质量的睡眠，这些平常得再平常不过的事情，是人的本能带来的最基本的需求，只是我们太容易忽视它们了。

先找回初心，保持专注，精力管理成功的路上，让我们一点一点往回走。

心态管理清单

1. 什么是心态管理？

心态管理是精力管理的基石，包括三个核心要素：安心、真诚、认真。安心，就是去情绪化，在做事的时候保持安心专注的状态，安心的心态是基础，本质上属于心理储备；真诚，就是真实面对人和事，不逃避，不只是对别人真诚，其实也是对自己真诚，不给自己找任何理由和借口，遇到问题及时去面对、修正和解决，对错要分明；认真，对待每一件小事都保持认真的态度，是能耗最低的方式。

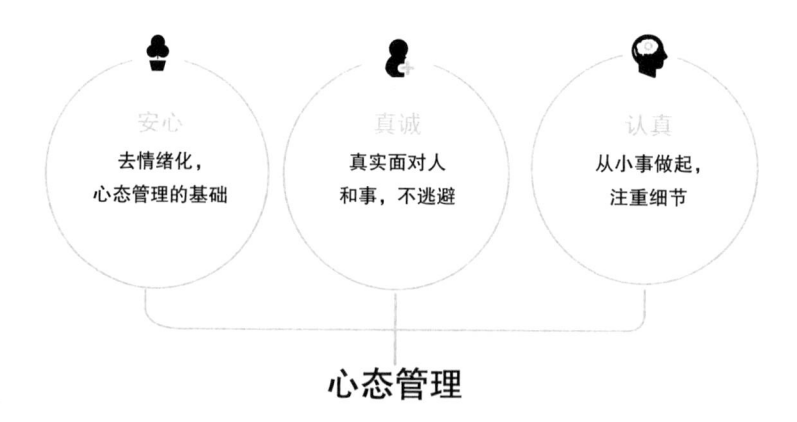

安心
去情绪化，
心态管理的基础

真诚
真实面对人
和事，不逃避

认真
从小事做起，
注重细节

心态管理

2. 什么是动力管理？

动力管理为心态管理提供了执行力，是将心态管理付诸实践的必要过程。动力管理可从以下三个方面着手：

第一，在做事前，先为这件事赋予重大意义；

第二，思考如果不做这件事，会有哪些负面影响；

第三，为减少个人随意性，通过团体互相监督、鼓励进行学习。

确定意义
找到所做事情的意义和价值，制造动力

制造"恐惧"
寻找"不做这件事"的负面影响，加强动力

社交学习
利用集体的无意识力量，影响个人认知和行为，创造外围动力

动力管理技巧

附录 A

心肺能力增强课表（从不跑步到完成半马计划）

周期（周数）	星期	训练内容	训练时间/分钟	每周总时间/分钟
基础期（1）	星期一	休息	休息	135
	星期二	（跑 E 心率 5 分钟 + 快走 1 分钟）×5	30	
	星期三	休息	休息	
	星期四	（跑 E 心率 6 分钟 + 快走 1 分钟）×5	35	
	星期五	休息	休息	
	星期六	（跑 E 心率 5 分钟 + 快走 1 分钟）×5	30	
	星期日	（跑 E 心率 8 分钟 + 快走 2 分钟）×4	40	
基础期（2）	星期一	休息	休息	153
	星期二	（跑 E 心率 6 分钟 + 快走 1 分钟）×5	35	
	星期三	休息	休息	
	星期四	（跑 E 心率 6 分钟 + 快走 1 分钟）×5	35	
	星期五	休息	休息	
	星期六	（跑 E 心率 6 分钟 + 快走 1 分钟）×5	35	
	星期日	（跑 E 心率 10 分钟 + 快走 2 分钟）×4	48	
基础期（3）	星期一	休息	休息	166
	星期二	（跑 E 心率 8 分钟 + 快走 1 分钟）×4	36	
	星期三	休息	休息	
	星期四	（跑 E 心率 10 分钟 + 快走 1 分钟）×4	44	
	星期五	休息	休息	
	星期六	（跑 E 心率 10 分钟 + 快走 1 分钟）×4	44	
	星期日	E 心率 20 分钟 ×2（间休 2 分钟）	42	
基础期（4）	星期一	休息	休息	217
	星期二	E 心率 15 分钟 ×3（间休 1 分钟）	48	
	星期三	休息	休息	
	星期四	E 心率 10 分钟 ×5（间休 1 分钟）	55	
	星期五	休息	休息	
	星期六	E 心率 15 分钟 ×3（间休 1 分钟）	48	
	星期日	E 心率 20 分钟 ×3（间休 2 分钟）	66	

续表

周期（周数）	星期	训练内容	训练时间/分钟	每周总时间/分钟
基础期（5）（测试）	星期一	休息	休息	80
	星期二	E 心率 30 分钟	30	
	星期三	休息	休息	
	星期四	E 心率 20 分钟	20	
	星期五	休息	休息	
	星期六	E 心率 30 分钟	30	
	星期日	3000 米测试	测试	
3000 米测试说明	在第 5 周最后一天，我们将会进行一个 3000 米测试。这个测试除了能够判断我们是否具备跑半马的能力，还能够了解目前的跑步实力。因为如果短距离的跑步成绩不理想，在长距离取得好成绩的概率也很低；而且二者相比，短距离测试花费的时间相对较少。只要能够以配速 7:30 分钟/公里持续跑完 3 公里，那么按照课表继续进行规律训练，后期在 3 小时内完成半马的概率是很大的。			
基础期注意事项	1. 刚开始跑步时，心率上升比较慢，在 3 分钟左右才能稳定。所以不要着急，不能因为前两分钟没有上升到目标心率就加快速度。 2. 如果发生膝盖疼痛、脚踝疼痛，需调整跑步姿势。如果疼痛持续须停止跑步，取消当天计划。 3. 前期心肺能力一般时，通常跑 20 分钟左右心率会上升，这时主动调整速度，让心率始终维持在 E 心率区间，不要让心率上升到 M 区间。 4. 前期跑步速度慢，是调整跑步姿势的最好时机。当速度加快后姿势更容易变形，不适宜再做调整。			
进阶期（6）	星期一	休息	休息	212
	星期二	E 心率 20 分钟 ×3（间休 2 分钟）	66	
	星期三	休息	休息	
	星期四	E 心率 40 分钟	40	
	星期五	休息	休息	
	星期六	E 心率 20 分钟 ×3（间休 2 分钟）	66	
	星期日	E 心率 40 分钟 +4ST	40	

续 表

周期 （周数）	星期	训练内容	训练时间/ 分钟	每周总时间/分钟
进阶期（7）	星期一	休息	休息	226
	星期二	E 心率 50 分钟	50	
	星期三	休息	休息	
	星期四	E 心率 40 分钟	40	
	星期五	休息	休息	
	星期六	E 心率 50 分钟	50	
	星期日	E 心率 40 分钟 ×2（间休 3 分钟）+4ST	86	
进阶期（8）	星期一	休息	休息	240
	星期二	E 心率 1 小时 +4ST	60	
	星期三	休息	休息	
	星期四	E 心率 40 分钟	40	
	星期五	休息	休息	
	星期六	E 心率 1 小时 +4ST	60	
	星期日	E 心率 1 小时 20 分钟 +4ST	80	
进阶期注意事项		1. 跑步时间增加到 1 小时左右，跑完后进行冲刺跑可有助于缓解腿部的沉重感。 2. 完成跑步后如果觉得小腿酸痛，可用泡沫轴按摩缓解。		
巅峰期（9）	星期一	休息	休息	168
	星期二	E 心率 10 分钟 +T 心率 5 分钟 ×4（间休 1 分钟）+E 心率 5 分钟	39	
	星期三	休息	休息	
	星期四	E 心率 40 分钟	40	
	星期五	休息	休息	
	星期六	E 心率 10 分钟 +T 心率 5 分钟 ×4（间休 1 分钟）+E 心率 5 分钟	39	
	星期日	E 心率 50 分钟 +4ST	50	

续 表

周期（周数）	星期	训练内容	训练时间/分钟	每周总时间/分钟
巅峰期（10）	星期一	休息	休息	168
	星期二	E 心率 10 分钟 +T 心率 5 分钟 ×4（间休 1 分钟）+E 心率 5 分钟	39	
	星期三	休息	休息	
	星期四	E 心率 40 分钟	40	
	星期五	休息	休息	
	星期六	E 心率 10 分钟 +T 心率 5 分钟 ×4（间休 1 分钟）+E 心率 5 分钟	39	
	星期日	M 心率 50 分钟 +4ST	50	
巅峰期（11）	星期一	休息	休息	189
	星期二	E 心率 10 分钟 +T 心率 8 分钟 ×3（间休 1 分钟）+E 心率 5 分钟	42	
	星期三	休息	休息	
	星期四	E 心率 45 分钟	45	
	星期五	休息	休息	
	星期六	E 心率 10 分钟 +T 心率 8 分钟 ×3（间休 1 分钟）+E 心率 5 分钟	42	
	星期日	M 心率 60 分钟 +4ST	60	
巅峰期（12）	星期一	休息	休息	189
	星期二	E 心率 10 分钟 +T 心率 8 分钟 ×3（间休 1 分钟）+E 心率 5 分钟	42	
	星期三	休息	休息	
	星期四	E 心率 45 分钟	45	
	星期五	休息	休息	
	星期六	E 心率 10 分钟 +T 心率 8 分钟 ×3（间休 1 分钟）+E 心率 5 分钟	42	
	星期日	M 心率 60 分钟 +4ST	60	

周期（周数）	星期	训练内容	训练时间/分钟	每周总时间/分钟
巅峰期注意事项		1. 基础期是防止运动受伤和提高线粒体利用脂肪的能力的训练期，巅峰期是质量训练的起步期。 2. 以 T 心率强度跑步时，感觉身体很痛快。 3. M 心率是跑马拉松时对应的心率区间，在后期训练时要学会在 M 区间跑步时的科学饮水方法，这对比赛很有帮助。 4. 随着竞赛期前期训练量的增加，身体免疫力会降低，注意训练后的休息与恢复。		
竞赛期（13）	星期一	休息	休息	209
	星期二	E 心率 10 分钟 +T 心率 8 分钟 ×3（间休 1 分钟）+E 心率 5 分钟	42	
	星期三	休息	休息	
	星期四	E 心率 45 分钟	45	
	星期五	休息	休息	
	星期六	E 心率 10 分钟 +T 心率 8 分钟 ×3（间休 1 分钟）+E 心率 5 分钟	42	
	星期日	E 心率 20 分钟 +M 心率 50 分钟（间休 1 分钟）+E 心率 10 分钟 +4ST	80	
竞赛期（14）	星期一	休息	休息	209
	星期二	E 心率 10 分钟 +T 心率 8 分钟 ×3（间休 1 分钟）+E 心率 5 分钟	42	
	星期三	休息	休息	
	星期四	E 心率 45 分钟	45	
	星期五	休息	休息	
	星期六	E 心率 10 分钟 +T 心率 8 分钟 ×3（间休 1 分钟）+E 心率 5 分钟	42	
	星期日	E 心率 20 分钟 +M 心率 50 分钟（间休 1 分钟）+E 心率 10 分钟 +4ST	80	

续 表

周期（周数）	星期	训练内容	训练时间/分钟	每周总时间/分钟
竞赛期（15）减量周	星期一	休息	休息	185
	星期二	E 心率 15 分钟 +M 心率 30 分钟	45	
	星期三	休息	休息	
	星期四	M 心率 30 分钟	30	
	星期五	M 心率 30 分钟	30	
	星期六	M 心率 30 分钟	30	
	星期日	M 心率 50 分钟	50	
竞赛期（16）比赛周	星期一	休息	休息	110
	星期二	E 心率 10 分钟 +M 心率 20 分钟	30	
	星期三	E 心率 30 分钟	30	
	星期四	E 心率 30 分钟	30	
	星期五	E 心率 20 分钟	20	
	星期六	比赛日		
	星期日	比赛日		
竞赛期注意事项	在比赛前调整好作息时间，早睡早起，这样比赛的时候更舒服。			

说明：
1. E 心率、M 心率、T 心率就是把心率保持在对应的心率区间里。ST 是指 10～15 秒冲刺跑，每次长时间的慢速跑会增加腿部的沉重感，冲刺跑可以快速消除这种感觉。
2. 因为周一大多数人比较繁忙，所以周一设定为休息日。
3. 在休息日或训练日也可以添加力量训练，但要注意的是如果当天进行了大强度的力量训练，应该休息一段时间再跑步，如果直接跑步，同样的速度心率可能比平时高 20 次左右，会影响训练效果。
4. 训练顺序非常重要，正确的顺序是：（1）泡沫轴放松；（2）动态伸展；（3）力量训练或心肺功能训练；（4）静态伸展。
5. 比赛后继续按照此课表进行训练，心肺能力不会有明显的增强效果，需要制定新的课表。

附录 B

优质睡眠的辅助条件

1. 减少光干扰

关闭电脑、手机等一切发出蓝光的电子产品，在午睡时或旅行中，可以戴蒸汽眼罩；卧室中选择能够遮光的窗帘，会让睡眠质量倍增。

2. 减少噪声干扰

尽量选择离马路远一点的房子；如果周围环境噪声太大，可以戴耳塞或者耳机，耳机里放着白噪声。

3. 卧室温度保持在 19～22℃

19～22℃是最容易入睡的温度区间，当然每个人适合的入睡温度不同，需要多做尝试。我个人的感受是，被子不宜过厚，稍微轻薄一些的被子会让睡眠质量明显提高。

4. 睡前不要进行高强度脑力劳动

睡前不宜看让自己兴奋的电影和小说，选择一些很难懂的"天书"或者非常轻松的美文，会有一定的催眠效果。身体很难放松时，可以进行冥想，放空身心。

5. 深呼吸、冥想都有助于睡眠

做深呼吸，从双脚往上感知身体的每个部位，像在扫描身体。这样的身体扫描可以帮助你在大脑特别兴奋的时候，把思维拉回来，让你摒弃杂念和纷扰，专注于当下，有利于专注力的培养。这时，不仅思维在动，身体也在倾听，身心合一，慢慢就睡着了。

致 谢

在此要感谢徐小平老师，是他鼓励我尝试写一本书；感谢齐文静老师帮助我整理内容和出版。

感谢徐建春老师对书中心态部分的修改建议，还有感谢侯鲁汀和杨军关于内容的建议。

此外，感谢线上、线下报名参加我的课程的所有用户，让我能以不同角度去看待运动，看待健康，甚至人生。

把此书献给我的太太，她一直给予我信心和力量。在她的支持和鼓励下，我最终完成了这本书，把自己多年来的经验和思考付诸纸上。

掌控
Δ